工程力学实验

董雪花　徐志洪　主　编

石杏喜　孙香花　陈　涛
刘　聪　姜晓玉　李四妹　副主编

U0233123

电子工業出版社·

Publishing House of Electronics Industry

北京·BEIJING

内 容 简 介

本书主要内容包括误差理论和数据处理方法、材料的力学性能测试、应变电测法、振动与动应变测试、光测力学的基本方法及各部分相关实验。本书在编写和内容选取上,力求切合普通高等学校的实际教学要求,并注意反映近年来工程力学实验领域中的新设备、新技术和发展趋势。

本书可作为普通高等院校力学、机械工程、土木工程等专业本科学生及研究生"工程力学实验"课程教材,也可作为相关工程技术人员的参考书。

图书在版编目(CIP)数据

工程力学实验/董雪花,徐志洪主编 . —北京:电子工业出版社,2019.9

ISBN 978-7-121-35845-6

Ⅰ. ①工⋯ Ⅱ. ①董⋯ ②徐⋯ Ⅲ. ①工程力学-实验-高等学校-教材 Ⅳ. ①TB12-33

中国版本图书馆 CIP 数据核字(2018)第 302251 号

策划编辑:赵玉山
责任编辑:底　波
印　　刷:三河市良远印务有限公司
装　　订:三河市良远印务有限公司
出版发行:电子工业出版社
　　　　　北京市海淀区万寿路 173 信箱　邮编　100036
开　　本:787×1 092　1/16　印张:8.25　字数:211.2 千字
版　　次:2019 年 9 月第 1 版
印　　次:2024 年 1 月第 6 次印刷
定　　价:29.90 元

凡所购买电子工业出版社图书有缺损问题,请向购买书店调换。若书店售缺,请与本社发行部联系,联系及邮购电话:(010)88254888,88258888。

质量投诉请发邮件至 zlts@phei.com.cn,盗版侵权举报请发邮件至 dbqq@phei.com.cn。

本书咨询联系方式:zhaoys@phei.com.cn。

前　言

本书是根据普通高等院校"工程力学实验"课程的基本要求及作者多年从事该课程教学的经验,结合工程力学实验技术近年来发展的实际情况编写而成的。

"工程力学实验"课程是工程力学专业本科生必修的重要专业基础课,是一门涉及力学、光学、电学和计算机领域知识的交叉学科课程,其内容与高新技术的发展密切联系。

本书共分6章。第1章误差理论和数据处理方法,第2章材料的力学性能测试,第3章应变电测法,第4章振动与动应变测试,第5章光测力学的基本方法,第6章实验。编写本书的目的旨在使学生掌握工程力学实验的基本理论和实验方法,为解决工程实际中的结构强度问题和进行力学及相关学科的科学研究打下坚实的理论基础并掌握较强的实验技能。

本书在编写上注重逻辑性和系统性,内容精练,循序渐进,文字叙述通俗易懂,可作为普通高等院校力学、机械工程、土木工程等专业本科学生及研究生的工程力学实验课程教材,也可作为相关工程技术人员的参考书。

本书第1章由石杏喜编写,第2章和第6章的6.1节、6.4节由孙香花、陈涛、李四妹编写,第3章和第6章的6.2节、6.4节由董雪花、姜晓玉编写,第4章和第6章的6.3节、6.4节由徐志洪编写,第5章由刘聪编写。在本书的编写过程中,参考了国内外公开出版的图书、会议资料、网上资料及兄弟院校的有关讲义,还得到了学校主管部门的大力支持。长春试验机研究所有限公司、江苏东华测试技术有限公司、江苏联能电子技术有限公司、秦皇岛市协力科技开发有限公司、道姆光学科技有限公司等厂家提供了大量实验仪器设备的相关资料,在此一并表示衷心的感谢。

希望读者给我们提出宝贵的意见和建议。

编　者

目　录

第1章 误差理论和数据处理方法

1.1 误差的来源及分类

1.1.1 误差理论中的基本概念

在对某物理量进行多次测量时,经过大量的实践证明,无论仪器多么精确,测量者怎么仔细,各测量值之间总会存在着差异,而且被测对象的真值与测量值之间也存在一定的差异,这种差异通常称为测量误差。

一种材料的抗拉强度、弹性模量、泊松比等,一根试样的尺寸,一个砝码的质量都存在一个客观的、真正的值,称为真值。对某种材料的抗拉强度、弹性模量、泊松比、试样尺寸的测量和砝码的称重都会得到一个实际测定的数值,称为测量值。真误差 Δ_i 的定义为被测对象的测量值 l_i 与真值 x 所得的差值,也称为绝对误差,即

$$\Delta_i = l_i - x \tag{1.1}$$

一般情况下,被测对象的真值难以获取,为了进行绝对误差的计算,可以采用被测对象的多次测量的平均值来代替真值。绝对误差反映测量值相对于真值的偏差大小,其单位与给出值单位相同。由于绝对误差有时难以反映不同被测对象的测量精度,如测量两种不同规格试样的尺寸分别为 $l_1=100\text{mm}$ 和 $l_2=50\text{mm}$,如果测量绝对误差 $\Delta_1=\Delta_2=0.2\text{mm}$,则这两根试样的测量精度显然不同,而绝对误差并不能反映这种差别。因此,在这种情况下,工程上一般采用相对误差 k 来进行精度评定,相对误差是用绝对误差与被测对象的测量真值之比来描述的,即

$$k = \frac{\Delta}{x} \times 100\% \tag{1.2}$$

1.1.2 误差的来源

产生测量误差的主要原因如下:一是仪器误差,由于测量仪器的构造不可能十分完善;二是测量误差,由于测量者的感觉器官的鉴别能力和技术水平与经验的限制;三是环境误差,由于测量需要在一定的外界条件下进行,所以测量结果必然会含有误差。将仪器条件、测量条件、外界条件称为测量的三大客观(测量)条件。三大客观条件相同的测量称为等精度测量;三大客观条件不同的测量称为不等精度测量。

1. 仪器误差

该误差通常包括实验设备、测量仪器及仪表带来的误差,如安装调试不准确、刻度不准确、设备加工粗糙、仪表非线性及元器件之间的间隙造成的误差。

2. 测量误差

该误差通常包括测量方法不准确而引起的误差,以及测量者的视觉分辨能力、熟练程

度和精神状态等引起的误差。

3. 环境误差

由外界环境引起的测量误差主要指测量环境的温度、气压、湿度、电场、磁场等与要求的标准状态不一致引起的误差。

1.1.3 误差的分类

误差按其对测量结果影响的性质分为系统误差和偶然(随机)误差两大类。另外,在测量结果中有时还会出现测量错误,也称粗差,如读错、记错、测错等均属于粗差。粗差在测量结果中是不允许出现的,它不属于误差的范畴。为了防止粗差,通常在测量中除仔细认真地工作外,还要采取一定的检核措施,以发现是否有粗差存在。

1. 系统误差

在相同的测量条件下,对某量进行一系列的测量,若误差出现的符号、数值的大小均一致,或者按一定的规律变化,则称这种误差为系统误差。例如,用名义长度为 10cm,而实际长度为 10.05cm 的游标卡尺测量某一试样的直径,其测量结果必然会含有系统误差。

2. 偶然误差

在相同的测量条件下,对同一对象进行一系列的测量,若误差出现的大小和符号均不一致,且从表面上看没有任何规律性,则称这种误差为偶然误差。如读数时的估读误差。对于单个的偶然误差,测量前无法预料其出现的符号和大小,但就大量的偶然误差来研究,它具有一定的规律性,并且随着测量次数的增多,这种统计规律越是明显。认识这种规律,可以更好地指导测量实践。偶然误差是误差理论研究的主要内容。

1.2 偶然误差的性质

偶然误差表面上无规律可寻,但受其内部必然规律的支配。实践表明:对某量进行多次等精度的重复测量,得到一系列不同的测量值,在只含有偶然误差的情况下,其误差出现统计学上的规律性。测量次数越多,规律性越明显。如掷硬币,出现正反面的机会随次数的增多而趋于相等。

1.2.1 偶然误差的特性

例如,在相同的测量条件下,对某一截面为三角形的试样的截面内角独立地进行了 360 次测量,每个三角形的内角和与其理论值 $180°$ 之差,即为该三角形内角和的真误差 Δ_i

$$\Delta_i = a_i + b_i + c_i - 180°$$

取误差区间间隔 $d\Delta = 0.20''$,并将 360 个真误差按其符号和大小排列,列于表 1.1 中。

表 1.1　误差分布表

误差所在区间	正误差个数	负误差个数	总数	误差所在区间	正误差个数	负误差个数	总数
$0.0''\sim0.2''$	48	49	97	$1.0''\sim1.2''$	12	12	24
$0.2''\sim0.4''$	39	38	77	$1.2''\sim1.4''$	5	6	11
$0.4''\sim0.6''$	32	32	64	$1.4''\sim1.6''$	3	4	7
$0.6''\sim0.8''$	22	25	47	$1.6''$ 以上	0	0	0
$0.8''\sim1.0''$	16	17	33	Σ	177	183	360

从表 1.1 中的统计结果可以得出偶然误差具有如下特性。

1. 有界性

在一定测量条件下的有限次测量中,偶然误差的绝对值不会超过一定限度。

2. 范围性

在一定测量条件下,绝对值较小的偶然误差出现的概率大,绝对值较大的偶然误差出现的概率小。

3. 对称性

在一定测量条件下,绝对值相等的正、负偶然误差出现的概率相等。

4. 抵偿性

在一定测量条件下,对同一量进行等精度观测,随着测量次数的增加,其偶然误差的代数和趋于 0,即

$$\lim_{n \to \infty}(\Delta_1 + \Delta_2 + \cdots + \Delta_n) = 0 \tag{1.3}$$

1.2.2 偶然误差的分布密度函数

德国科学家高斯根据偶然误差的特性,总结出偶然误差服从正态分布,正态分布的偶然误差值与其出现概率之间的函数关系为

$$f(\Delta) = \frac{1}{\sigma\sqrt{2\pi}} e^{-\frac{\Delta^2}{2\sigma^2}} \tag{1.4}$$

式中:σ 为均方根差或标准差,是与测量条件有关的参数;f 为偶然误差 Δ 出现的概率密度。

将偶然误差正态分布密度函数绘成曲线,如图 1.1 所示。

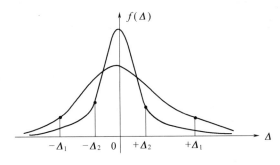

图 1.1 误差分布密度曲线

当 $\Delta \to \pm\infty$ 时,$f(\Delta) \to 0$。由于 $f(\Delta)$ 随 Δ 的增大而迅速减小,故当 Δ 达到足够大时,$f(\Delta)$ 已很小,实际上可视为零,此时的 Δ 值可以作为误差的限值。这是偶然误差的第一特性,即有界性。

若 $|\Delta_2| < |\Delta_1|$,则 $f(\Delta_2) > f(\Delta_1)$,这说明 $f(\Delta)$ 随 Δ 绝对值的增大而减小。$f(\Delta)$ 为降函数,这是偶然误差的第二特性,即范围性。

若 $\Delta_2 = -\Delta_1$,则 $f(\Delta_2) = f(\Delta_1)$,这说明 $f(\Delta)$ 为偶函数,这是偶然误差的第三特性,即对称性。

积分 $\int_{-\infty}^{+\infty} f(\Delta)\mathrm{d}\Delta = 1$，表明误差落在全部区间内这一事件为必然事件。这也说明了测量结果中必然含有误差。

从图 1.1 中的两条误差分布密度曲线可以看出，曲线中部升得越高，曲线形状越陡峻，说明零附近的小误差出现的机会越多，表明测量质量好；相反，曲线中部升得越低，曲线形状越平缓，说明零附近的小误差出现的机会越少，表明测量质量差。测量质量的优劣取决于测量条件的好坏，而测量条件的好坏在误差分布密度曲线的形态上得到充分的反映。

1.3 偶然误差的精度评价指标

在一定的测量条件下，对某一量进行一系列的测量，对应着一种确定的误差分布。如果误差分布比较密集，即小误差出现的个数较多，则表示测量质量较好，也即测量精度高；反之，如果误差分布比较离散，则表示测量质量较差，也即测量精度低。反映精度高低的具体数字，称为精度评价指标。

1.3.1 算术平均值与改正数

在等精度测量条件下，对某量进行多次测量，通常取其平均值作为最后结果，认为是最可靠的。例如，对某试样直径进行 n 次测量，测量值为 $l_1, l_2, \cdots, l_n$，则该试样直径的算术平均值为

$$L = \frac{l_1 + l_2 + \cdots + l_4}{n} = \frac{1}{n}\sum_{i=1}^{n} l_i \tag{1.5}$$

由于测量仪器、测量方法、环境、人的观察力等条件的影响，物理量的真值无法测得，通常采用多次测量的平均值近似为真值。

设某量的真值为 x，测量值为 $l_i(i=1,2,\cdots,n)$，其真误差为 $\Delta_i(i=1,2,\cdots,n)$，则

$$\Delta_i = l_i - x \tag{1.6}$$

上式两端取和，得

$$\sum_{i=1}^{n}\Delta_i = \sum_{i=1}^{n}l_i - n\cdot x \tag{1.7}$$

两端除以 n，得

$$\frac{\sum_{i=1}^{n}\Delta_i}{n} = \frac{\sum_{i=1}^{n}l_i}{n} - x \tag{1.8}$$

由偶然误差的抵偿性可知

$$\lim_{n\to\infty}\frac{\sum_{i=1}^{n}\Delta_i}{n} = 0 \tag{1.9}$$

即

4

$$\lim_{n \to \infty} \frac{\sum_{i=1}^{n} l_i}{n} = x \tag{1.10}$$

当测量次数 n 无限增加时,测量值的算术平均值就是该未知量的真值;当测量次数 n 有限时,采用算术平均值来近似真值。

在一般情况下,被测量的真值为未知的,这时可用算术平均值代替测量的真值进行计算,测量值与算术平均值之差称为剩余误差,也叫改正数,用 v_i 表示。

$$v_i = l_i - L \tag{1.11}$$

对于等精度多次重复测量,测量值的改正数的代数和等于零,剩余误差的平方和为最小。

若将上式两端取和,有

$$\sum_{i=1}^{n} v_i = \sum_{i=1}^{n} l_i - n \cdot L = 0 \tag{1.12}$$

1.3.2 精度评价指标

1. 中误差

在一定测量条件下测量结果的精度可用标准差来衡量,标准差是偶然误差分散性的一个重要特征。但在实际测量工作中,不可能对某一量做无穷多次观测,因此,定义有限次观测的真误差来求标准差,也称为中误差。

1)根据真误差计算中误差

设在同精度测量条件下,对某量进行了 n 次测量,得测量值为 $l_1, l_2, \cdots, l_n$,相应的真误差分别为 $\Delta_1, \Delta_2, \cdots, \Delta_n$,则定义该组测量值的方差为

$$\sigma^2 = \lim_{n \to \infty} \frac{\sum_{i=1}^{n} \Delta_i^2}{n} \tag{1.13}$$

当测量次数 n 有限时,则采用中误差 m 来近似计算标准差为

$$m = \pm \sqrt{\frac{\sum_{i=1}^{n} \Delta_i^2}{n}} \tag{1.14}$$

式(1.14)也称菲列罗公式。其中,m 代表一组测量值的精度,即这组测量值中的每一个测量值都具有这样的精度,或者说同精度测量值具有相同的精度。而 Δ_i 彼此并不相同,这是由于偶然误差的性质所决定的。

中误差 m 的大小反映了一系列测量值的精度。不同的系列测量中,标准差越小,测量精度越高。若两列测量值的中误差相同,则表示二者的精度相同。

2)根据改正数计算中差

通常测量值的真值是不知道的,因此,无法计算真误差 Δ_i,因此也就不能利用菲列罗公式计算一组测量值的中误差。但是观测量的算术平均值 $L = \dfrac{\sum_{i=1}^{n} l_i}{n}$ 是可求的,这时可用

测量值的改正数 v_i 来计算这组测量值的中误差,从而衡量这组测量值的精度,即用贝塞尔公式计算:

$$m = \pm \sqrt{\frac{\sum\limits_{i=1}^{n} v_i^2}{n-1}} \qquad (1.15)$$

所以,在已知测量值真值时,用菲列罗公式求测量值的中误差;未知测量值真值时,用贝塞尔公式求测量值的中误差。

例 1.1 在同一观测条件下,对某试样长度进行了 5 次观测,其 5 次观测值分别为 10.234cm,10.238cm,10.236cm,10.240cm,10.242cm,试求:

(1) 1 次观测的中误差;

(2) 5 次观测平均值的中误差。

解:求平均值:

$$\overline{D} = \frac{10.234 + 10.238 + 10.236 + 10.240 + 10.242}{5} = 10.238\text{cm}$$

各次观测的改正数:

$$v_1 = D_1 - \overline{D} = -0.004\text{cm}$$
$$v_2 = D_2 - \overline{D} = 0.000\text{cm}$$
$$v_3 = D_3 - \overline{D} = -0.002\text{cm}$$
$$v_4 = D_4 - \overline{D} = 0.002\text{cm}$$
$$v_5 = D_5 - \overline{D} = 0.004\text{cm}$$

1 次观测的中误差:

$$m = \pm \sqrt{\frac{\sum\limits_{i=1}^{5} v_i^2}{n-1}} = \pm 0.0032\text{cm}$$

5 次观测平均值的中误差:

$$m = \pm \sqrt{\frac{\sum\limits_{i=1}^{5} v_i^2}{n(n-1)}} = \pm 0.0014\text{cm}$$

2. 相对误差

在某些测量工作中,用绝对误差还不能反映出测量质量的高低,如测量 100mm 和 50mm 的两根试样的长度尺寸,其中误差都是 ±0.02mm,但不能简单地认为二者的精度一样。因此,采用相对误差可以很好地衡量它们精度的高低,相对误差 k 为中误差的绝对值与被测量真值之比,一般表示为分子是 1 的分数形式,可写成

$$k = \frac{|m|}{x} \times 100\% = \frac{|m|}{x} = \frac{1}{x/|m|} \qquad (1.16)$$

上例中,长度为 100mm 的试样相对误差为 $k_1 = 0.02/100 = 1/5000$,长度为 50mm 的试样相对误差为 $k_2 = 0.02/50 = 1/2500$,所以前者精度高于后者。

3. 极限误差

根据偶然误差的有界性可知,在一定的观测条件下偶然误差的绝对值不会超过一定的极限值,这个极限值就是极限误差。中误差只能代表一组观测值的精度,而不能代表某一个观测值的真误差大小,但二者之间有一定的统计学上的联系。在一系列等精度测量误差中,真误差与中误差之间具有如下概率统计规律:

$|\Delta| > |m|$ 的偶然误差出现的概率约为 30%;

$|\Delta| > 2|m|$ 的偶然误差出现的概率约为 5%;

$|\Delta| > 3|m|$ 的偶然误差出现的概率约为 0.3%。

故一般认为大于 $3|m|$ 的偶然误差是不可能的,所以一般取 $3|m|$ 为偶然误差的极限误差,即

$$-3|m| < \Delta_{极} < 3|m| \tag{1.17}$$

测量中,取 $2m$ 为 Δ 的容许值 $\Delta_{容}$,即

$$-2|m| < \Delta_{容} < 2|m| \tag{1.18}$$

若观测值的偶然误差 $2|m| < |\Delta| \leqslant 3|m|$,则认为该值不可靠(但不是错误的),应舍去不用。

1.4　误差传播定律及其应用

在实际工作中,有些物理量是可以直接测量的,如试样的直径和长度,有些物理量是不能直接测量的,如屈服极限、强度极限、延伸率和断面收缩率等。对于这些不能直接测量的物理量必须通过一些直接测量得到的数值,按一定的公式或函数去计算而间接得到。由于各直接测定的数值都含有误差,因此,由计算得到的间接量中也必然含有误差,阐述测量值标准差与测量值函数标准差之间关系的定律,称为误差传播定律。

1.4.1　非线性函数误差传播定律及其应用

设有独立测量值 $x_1, x_2, \cdots, x_n$,其中误差分别为 $m_{x_1}, m_{x_2}, \cdots, m_{x_n}$,现有函数

$$z = f(x_1, x_2, \cdots, x_n) \tag{1.19}$$

求函数值 z 的中误差 m_z。

在函数 z 中,由于独立测量值 $x_1, x_2, \cdots, x_n$ 存在真误差 $\Delta_1, \Delta_2, \cdots, \Delta_n$,所以必然会引起未知量 z 产生真误差 Δ_z。

对式(1.19)进行全微分有

$$\mathrm{d}z = \frac{\partial f}{\partial x_1}\mathrm{d}x_1 + \frac{\partial f}{\partial x_2}\mathrm{d}x_2 + \cdots + \frac{\partial f}{\partial x_n}\mathrm{d}x_n$$

因 Δ_i、Δ_z 均很小,由数学分析可知,可用 Δ_i、Δ_z 代替全微分 $\mathrm{d}x_i$、$\mathrm{d}z$,从而有真误差关系式:

$$\Delta_z = \frac{\partial f}{\partial x_1}\Delta_1 + \frac{\partial f}{\partial x_2}\Delta_2 + \cdots + \frac{\partial f}{\partial x_n}\Delta_n \tag{1.20}$$

式(1.20)中,$\frac{\partial f}{\partial x_i}(i=1,2,\cdots,n)$ 是函数对各个变量所取的偏导数,以测量值代入计算得到,它们是一常数。设

$$k_i = \frac{\partial f}{\partial x_i} (i = 1, 2, \cdots, n)$$

则式(1.20)可写为

$$\Delta_z = k_1 \cdot \Delta_1 + k_2 \cdot \Delta_2 + \cdots + k_n \cdot \Delta_n \tag{1.21}$$

为了建立函数值与观测量之间的中误差关系式,设想对各 $x_i (i = 1, 2, \cdots, n)$ 均测量 N 次,则可以写出 N 个类似式(1.21)的关系式

$$\begin{cases} \Delta z_1 = k_1 \cdot \Delta_{11} + k_2 \cdot \Delta_{21} + \cdots + k_n \cdot \Delta_{n1} \\ \Delta z_2 = k_1 \cdot \Delta_{12} + k_2 \cdot \Delta_{22} + \cdots + k_n \cdot \Delta_{n2} \\ \vdots \\ \Delta z_N = k_1 \cdot \Delta_{1N} + k_2 \cdot \Delta_{2N} + \cdots + k_n \cdot \Delta_{nN} \end{cases} \tag{1.22}$$

上式两端平方后再求和,得

$$\sum_{i=1}^{N} \Delta z_i^2 = k_1^2 \cdot \sum_{i=1}^{N} \Delta_{1i}^2 + k_2^2 \cdot \sum_{i=1}^{N} \Delta_{2i}^2 + \cdots + k_n^2 \cdot \sum_{i=1}^{N} \Delta_{ni}^2 + 2 \sum_{p=1}^{N} \left(\sum_{\substack{i=1, j=1 \\ i \neq j}}^{n} k_i k_j \Delta_{ip} \Delta_{jp} \right) \tag{1.23}$$

根据偶然误差的特性,当 $i \neq j$ 时,独立测量量 x_i、x_j 的偶然误差 Δ_i、Δ_j 之乘积 $\Delta_i \cdot \Delta_j$ 也表现为偶然误差。依据偶然误差的抵偿性,有

$$\lim_{N \to \infty} \sum_{p=1}^{N} \left(\sum_{\substack{i=1, j=1 \\ i \neq j}}^{n} k_i k_j \Delta_{ip} \Delta_{jp} \right) = 0 \tag{1.24}$$

故式(1.23)可写为

$$\frac{\sum\limits_{i=1}^{N} \Delta z_i^2}{N} = k_1^2 \cdot \frac{\sum\limits_{i=1}^{N} \Delta_{1i}^2}{N} + k_2^2 \cdot \frac{\sum\limits_{i=1}^{N} \Delta_{2i}^2}{N} + \cdots + k_n^2 \cdot \frac{\sum\limits_{i=1}^{N} \Delta_{ni}^2}{N} \tag{1.25}$$

由中误差定义式(1.14),有

$$m_z^2 = k_1^2 \cdot m_{x_1}^2 + k_2^2 \cdot m_{x_2}^2 + \cdots + k_n^2 \cdot m_{x_n}^2 \tag{1.26}$$

即

$$m_z = \pm \sqrt{k_1^2 \cdot m_{x_1}^2 + k_2^2 \cdot m_{x_2}^2 + \cdots + k_n^2 \cdot m_{x_n}^2} \tag{1.27}$$

式(1.27)即为计算函数中误差的一般形式。

例 1.2 测一矩形截面试样的截面积,a 边的边长及其中误差分别为 $a = 5\text{cm}$,$m_a = \pm 0.02\text{cm}$,b 边的边长及其中误差分别为 $b = 2\text{cm}$,$m_b = \pm 0.01\text{cm}$,求矩形截面的面积 S 及其中误差 m_S。

解:(1)列函数式 $S = a \cdot b = 5 \times 2 = 10\text{cm}^2$

(2)取偏导数 $\frac{\partial S}{\partial a} = b = 2\text{cm}$

$$\frac{\partial S}{\partial b} = a = 5\text{cm}$$

(3)求中误差 $m_S^2 = \left(\frac{\partial S}{\partial a} \right)^2 m_a^2 + \left(\frac{\partial S}{\partial b} \right)^2 m_b^2$

$$= (2 \times 0.02)^2 + (5 \times 0.01)^2$$
$$= 0.0041$$

故 $m_S = \pm 0.064 \text{cm}^2$。

1.4.2 线性函数误差传播定律及其应用

对于一般线性函数而言，未知量 z 与独立直接观测量 $x_1, x_2, \cdots, x_n$ 的函数关系式为

$$z = k_1 \cdot x_1 + k_2 \cdot x_2 + \cdots + k_n \cdot x_n \tag{1.28}$$

式中：$k_1, k_2, \cdots, k_n$ 均为常数。

当独立直接观测量 $x_1, x_2, \cdots, x_n$ 的中误差为 $m_{x_1}, m_{x_2}, \cdots, m_{x_n}$ 时，则函数值 z 的中误差表达形式为

$$m_z = \pm \sqrt{k_1^2 \cdot m_{x_1}^2 + k_2^2 \cdot m_{x_2}^2 + \cdots + k_n^2 m_{x_n}^2} \tag{1.29}$$

例 1.3 对某试样在线弹性范围内进行应力应变测量，已知其弹性模量 $E = 210 \text{GPa}$，某一时刻在测量点处测得的应变值及其中误差分别为 $\varepsilon = 2 \times 10^{-5}$，$m_\varepsilon = \pm 5 \times 10^{-7}$，试求该时刻测量点处的应力 σ 及其中误差 m_σ。

解：(1) 列函数式 $\sigma = E \cdot \varepsilon = 210 \times 10^9 \times 2 \times 10^{-5} = 4.2 \text{MPa}$

(2) 求中误差

$$m_\sigma^2 = E^2 m_\varepsilon^2$$
$$= (210 \times 10^9)^2 \times (5 \times 10^{-7})^2$$
$$= 1.1025 \times 10^{10}$$

故 $m_\sigma = \pm 0.105 \text{MPa}$。

1.5　实验数据处理方法

在生产和科学实验中，一方面要研究被测量的最佳值和精度问题，另一方面要研究变量之间的内在关系。表达变量之间的内在关系的方法有很多种，如表格、数学表达式、散点图、曲线等，其中数学表达式更有利于从理论上做进一步分析研究，其形式紧凑，能客观地反映事物的内在规律性。对研究不同物理量之间的关系具有重要意义。

1.5.1　一元线性回归

为建立变量之间相互关系的数学模型，回归分析法是一种有效工具，如果两个随机变量 x 和 y 之间存在一定关系，并通过实验测量得到一系列 x 和 y 的数据，则可通过一元线性回归得出两个变量之间的关系式。

现对两随机变量进行一系列的测量，并得到一组样本数据 $(x_1, y_1)(x_2, y_2), \cdots, (x_n, y_n)$。

为了正确反映 x 和 y 之间的关系，将样本数据在直角坐标系中描出相应点的位置，画出数据散点图，如图 1.2 所示，能够直观地反映出随机变量之间是否存在相关关系和函数形式。从图 1.2 中的点位分布情况看，所有数据点表现为线性分布趋势，因此，可以假定 x 和 y 之间存在线性相关关系。设两个变量 x 和 y 之间关系式的数学模型用一元线性方程表示为

$$y = f(x) = ax + b \tag{1.30}$$

图 1.2　散点图

1. 一元线性回归方程的求解

一元线性回归就是根据一系列的测量数据,通过最小二乘法来求得式(1.30)中的系数 a 和 b。

根据最小二乘法原理,有

$$v = \sum_{i=1}^{n} [y_i - (ax_i + b)]^2 = \min \tag{1.31}$$

将式(1.31)分别对 a 和 b 求偏导数,得

$$\frac{\partial v}{\partial a} = -2 \sum_{i=1}^{n} (y_i - ax_i - b)x_i$$

$$\frac{\partial v}{\partial b} = -2 \sum_{i=1}^{n} (y_i - ax_i - b)$$

要使 v 为最小,则必要条件为

$$\frac{\partial v}{\partial a} = 0; \quad \frac{\partial v}{\partial b} = 0$$

整理,得

$$\sum_{i=1}^{n} x_i y_i - a \sum_{i=1}^{n} x_i^2 - b \sum_{i=1}^{n} x_i = 0$$

$$\sum_{i=1}^{n} y_i - a \sum_{i=1}^{n} x_i - nb = 0$$

所以,得到系数 a 和 b 的解为

$$\begin{cases} a = \dfrac{n \sum\limits_{i=1}^{n} x_i y_i - \sum\limits_{i=1}^{n} x_i \sum\limits_{i=1}^{n} y_i}{n \sum\limits_{i=1}^{n} x_i^2 - \left(\sum\limits_{i=1}^{n} x_i\right)^2} \\[4mm] b = \dfrac{\sum\limits_{i=1}^{n} y_i \sum\limits_{i=1}^{n} x_i^2 - \sum\limits_{i=1}^{n} x_i \sum\limits_{i=1}^{n} x_i y_i}{n \sum\limits_{i=1}^{n} x_i^2 - \left(\sum\limits_{i=1}^{n} x_i\right)^2} \end{cases} \tag{1.32}$$

将得出的 a 和 b 代入式(1.30),就可以得出 x 和 y 的一元线性回归方程式。a 和 b 的值与样本数据的多少、实验数据的精度有关。

2. 相关系数的检验

随机变量 x 和 y 之间具有线性变化的趋势,求出的线性回归方程才具有重要意义,通常采用相关系数 ρ 来描述两个变量之间的线性关系密切程度。ρ 可以描述为

$$\rho = \frac{\sum_{i=1}^{n}(x_i - \bar{x})(y_i - \bar{y})}{\sqrt{\sum_{i=1}^{n}(x_i - \bar{x})^2 \sum_{i=1}^{n}(y_i - \bar{y})^2}} \tag{1.33}$$

式中: $\bar{x} = \frac{1}{n}\sum_{i=1}^{n}x_i$; $\bar{y} = \frac{1}{n}\sum_{i=1}^{n}y_i$ 。

相关系数 ρ 是描述两个变量 x 和 y 之间具有线性关系密切程度的数量指标,其取值范围为 $0 \leqslant |\rho| \leqslant 1$,$|\rho|$ 越接近于 1,x 和 y 之间的线性关系越密切。

表 1.2 是 $a = 0.05$ 和 $a = 0.01$ 两种显著水平相关系数检验表,表中的数值是相关系数的临界值,记为 ρ_a,如果相关系数在一定显著性水平下超过表中的数值,就认为 ρ 在某一水平上显著,即此时按线性回归处理才有意义。

表 1.2　相关系数显著性检验表

$n-2$ \ a	0.05	0.01	$n-2$ \ a	0.05	0.01
1	0.997	1.000	11	0.553	0.684
2	0.950	0.990	12	0.532	0.661
3	0.878	0.959	13	0.514	0.641
4	0.811	0.917	14	0.497	0.623
5	0.754	0.874	15	0.482	0.606
6	0.707	0.834	16	0.468	0.590
7	0.666	0.798	17	0.456	0.575
8	0.632	0.765	18	0.444	0.561
9	0.602	0.735	19	0.433	0.549
10	0.576	0.708	20	0.423	0.537

1.5.2　逐级加载法中的数据处理

在许多实验中,为了提高测量精度,经常采用等间距逐级加载法进行被测对象的测量工作,如在结构的应力分析中,对各点的应变测量工作是在线性范围内完成的,而且采用等间距逐级加载的方法来测量各级载荷的应变值,即对应的加载次数和应变值为

$$P_1 \qquad\qquad \varepsilon_1$$
$$P_2 = P_1 + \Delta P \qquad \varepsilon_2$$
$$P_3 = P_2 + \Delta P \qquad \varepsilon_3$$
$$\vdots \qquad\qquad \vdots$$
$$P_n = P_{n-1} + \Delta P \qquad \varepsilon_n$$

求出相应的应变增量 $\Delta\varepsilon_i$ 和应变增量平均值 $\overline{\Delta\varepsilon}$,即

$$\Delta\varepsilon_i = \varepsilon_{i+1} - \varepsilon_i \quad i = 1, 2, \cdots, n-1$$

$$\overline{\Delta\varepsilon} = \frac{\Delta\varepsilon_1 + \Delta\varepsilon_2 + \cdots + \Delta\varepsilon_{n-1}}{n-1}$$

通常将应变增量的算术平均值 $\overline{\Delta\varepsilon}$ 作为 ΔP 所对应的应变增量的最佳值。

1.5.3 测量数据的修约

测量是以确定测量值为目的的一组操作。测量值是由一个数(值)乘以测量单位所表示的特定量的大小。测量有间接测量和直接测量之分:直接测量的结果可直接测到而不必通过函数计算;而间接测量的结果需将直接测量的结果代入函数计算才能得到。对某一表示测量结果的数值(拟修约数),根据保留位数的要求,将多余的数字进行取舍,按照一定的规则,选取一个近似数(修约数)来代替原来的数,这一过程称为数值修约。有效数字是数据修约的基础。

1. 有效数字

有效数字是指在表达一个数量时,其中的每一个数字都是准确、可靠的,而只允许保留最后一位估计数字,这个数量的每一个数字为有效数字。一般情况下,在处理有效数字时,数字0需要区别看待。例如,用0.02精度的卡尺测量试样直径时,得到10.06mm和10.20mm两个数字,这里的0都是有效数字。当测量某一构件长度时得到0.00530m的数字,这里前面3个0都不是有效数字,它们只与所取的单位有关,而与测量的精度无关,当采用mm为单位时,则前面的3个0就不存在了,变为5.30mm,其有效数字是3位。对于32000m和25000Pa,很难肯定其中的0是否为有效数字,这种情况下采用指数的表示法。如32000m写为 3.2×10^4 m,则表示有效数字是2位;如果把它写为 3.20×10^4 m,则表示有效数字是3位。

2. 数值修约规则概述

测量结果及其不确定度同所有数据一样都只取有限位数,多余的位数应该按照相关规程进行修约。修约采用国家标准规定的数值修约规则。修约规则与修约间隔有关系。修约间隔又称修约区间或化整间隔,是确定修约保留位数的一种方式。根据金属拉伸实验方法标准 GB228—87,测量得到的力学性能数值可按照表1.3进行修约。

表 1.3 按照 GB228—87 标准得到的力学性能数值修约表

测量项目	范围	修约值
屈服极限 强度极限	≤200MPa	1MPa
	200～1000MPa	5MPa
	>1000MPa	10MPa
断后伸长率	≤10％	0.5％
	>10％	1％
断面收缩率	≤25％	0.5％
	>25％	1％

修约方法按照 GB8170—87 和 GB3101—93 执行。如果应力为 200～1000MPa,应力计算的尾数小于 2.5,则舍去;计算的尾数大于或等于 2.5 且小于 7.5,则取 5;计算的尾数大于或等于 7.5,则取 10。

第2章 材料的力学性能测试

2.1 材料的分类

材料的种类繁多,用途广泛。工程方面的材料主要应用于机械制造、航空、航天、化工、建筑和交通运输等领域。一般将工程材料进行以下分类:

$$
\text{工程材料}\begin{cases} \text{金属材料}\begin{cases} \text{黑色金属:铸铁、碳钢、合金钢} \\ \text{有色金属:铝合金、铜合金、其他有色金属} \end{cases} \\ \text{有机高分子材料:塑料、橡胶、合成纤维} \\ \text{无机非金属材料:传统陶瓷、特种陶瓷} \\ \text{复合材料}\begin{cases} \text{金属基复合材料} \\ \text{高分子基复合材料} \\ \text{陶瓷基复合材料} \end{cases} \end{cases}
$$

工程材料是多种多样的,仅仅钢材一项,就有 2000 多种不同种类和型号。工程设计人员根据其工作性质的不同,对材料性能的关心角度也不同,在选用工程材料时,首先考虑其力学性能。这主要基于以下三个方面的原因。

(1) 材料的力学性能决定了产品的可靠性。

(2) 材料的力学性能决定了产品在生产过程中的加工性。

(3) 材料的力学性能决定了产品的使用性能。

金属材料和非金属材料在性能上各有优缺点。近年来,金属基复合材料、树脂基复合材料和陶瓷基复合材料的出现,集各类材料的优异性能于一体,在机械工程中的应用日益广泛。

2.2 材料的力学性能指标

2.2.1 刚度

材料在弹性范围内,应力与应变成正比,其比值 $E=R/e$ 称为弹性模量。E 标志着材料抵抗弹性变形的能力,表示材料的刚度。

2.2.2 强度

在外力作用下,材料抵抗变形和破坏的能力称为强度。根据外力的作用方式,有多种强度指标,如屈服强度、抗拉强度、抗弯强度、抗剪强度等。

1. 屈服强度 R_e

所谓屈服,是指达到一定的变形应力之后,金属开始从弹性状态非均匀地向弹塑性状态过渡,它标志着宏观塑性变形的开始。

这一阶段的最大应力、最小应力分别称为上屈服点和下屈服点。由于下屈服点的数值较为稳定,因此以它作为材料屈服强度的指标,称为屈服强度,以 R_{el} 表示。有的材料没有明显的屈服现象发生,如高碳钢。这种情况下,用试样标距长度产生 0.2% 塑性变形时的应力值作为该材料的屈服强度,以 $R_{p0.2}$ 表示,如图 2.1 所示。

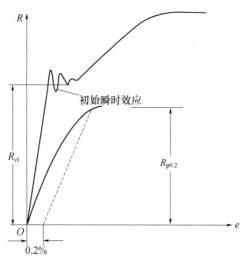

图 2.1　材料的屈服曲线

机械零件在使用时,一般不允许发生塑性变形,所以屈服强度是大多数机械零件设计时选材的主要依据,也是评定金属材料承载能力的重要机械性能指标。材料的屈服强度越高,允许的工作应力越高,零件所需的截面尺寸和自身质量就可以越小。

2. 抗拉强度 R_m

最大实验力(F_m)对应的应力即为抗拉强度。它也是零件设计和评定材料时的重要强度指标。如果单从保证零件不产生断裂的安全角度考虑,可用它作为设计依据,但所取的安全系数应该大一些。

屈服强度与抗拉强度的比值 R_{el}/R_m 称为屈强比。屈强比小,工程构件的可靠性高,说明即使外载或某些意外因素使材料变形,材料也不至于立即断裂。但屈强比过小,则材料强度的有效利用率太低。

3. 规定非比例延伸强度

材料的一些性能指标,如屈服强度,与试样的屈服变形相关;又如抗拉强度,与试样的拉断值相关,这类指标比较容易测得。但也有些性能指标如比例极限、弹性极限等,理论上虽有明确的定义,但实验中却很难按定义测得。为了与国际标准接轨,新修订的国标 GB/T228.1—2010,把它们定为抗微量塑性变形的强度指标,称为规定非比例延伸强度 R_P。这类指标需借助引伸计测量其标距 L_e 范围内试样的伸长,为区别于试样原始标距 L_0 的伸长变形,引伸计测量的伸长称为"延伸"。现将规定非比例延伸强度的概念进一步介绍如下。

如图 2.2 所示,在拉伸实验中,当试样变形超过弹性范围时,安装于试样上引伸计标距的总延伸 ΔL 可分为比例延伸和非比例延伸。比例延伸指 $F - \Delta L$ 曲线上与实验力 F 成正比的延伸,记为 ΔL_e,非比例延伸指延伸中与实验力不成比例的部分,记为 ΔL_p。显然,$\Delta L = \Delta L_e + \Delta L_p$。引起上述延伸的实验力为 F_p,相应得应力即为

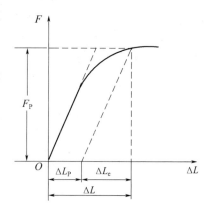

图 2.2 规定非比例延伸强度

$$R_p = \frac{F_p}{S_0} \qquad (2.1)$$

式中:S_0 为试样的初始横截面面积;F_p 为引起相应非比例延伸的实验力。

与非比例延伸相对应的应变是

$$e_p = \frac{\Delta L_p}{L_e} \times 100\%$$

式中:L_e 为测量试样延伸的引伸计标距;e_p 为非比例延伸率。当 e_p 达到某一规定值时,如达到规定的 $e_p = 0.01\%$、$e_p = 0.05\%$ 和 $e_p = 0.2\%$ 时,相应的 R_p 记为 $R_{p0.01}$、$R_{p0.05}$、$R_{p0.2}$ 称为规定非比例延伸强度。有些国家把 $R_{p0.01}$ 作为规定的比例极限,$R_{p0.05}$ 作为规定的弹性极限,而对无明显屈服现象的材料,其名义屈服极限或条件屈服极限则用 $R_{p0.2}$ 来表示。这样,规定非比例延伸强度就把这些力学上有不同意义的性质统一为同一个概念,只是规定的 e_p 大小不同而已。有了量化的 e_p 指标,测量 e_p 就很方便,它在技术上可借助传感器实现自动化检测。

2.2.3 延性

材料在外力作用下,产生永久残余变形而不断裂的能力称为塑性。塑性指标也主要是通过拉伸实验测得的。工程上常用断后伸长率和断面收缩率作为材料的塑性指标。

1. 断后伸长率 A

试样在被拉断后的相对伸长量称为断后伸长率,用符号 A 表示,即

$$A = \frac{L_u - L_0}{L_0} \times 100\% \qquad (2.2)$$

式中:L_0 为试样原始标距长度;L_u 为试样被拉断后的标距长度。

2. 断面收缩率 Z

试样被拉断后横截面积的相对收缩量称为断面收缩率,用符号 Z 表示,即

$$Z = \frac{S_0 - S_u}{S_0} \times 100\% \qquad (2.3)$$

式中:S_0 为试样原始的横截面积;S_u 为试样拉断处的横截面积。

断后伸长率和断面收缩率的值越大,表示材料的塑性越好。构件的偶然过载,因为有塑性变形可防止突然断裂;构件的应力集中处,也因塑性变形使应力松弛。大多数机械零件除要求一定强度指标外,还要求一定塑性指标。材料的 A 和 Z 值越大,塑性越好。两

者相比,用 Z 表示塑性更接近材料的真实应变。

2.2.4　硬度

硬度是材料表面抵抗局部塑性变形、压痕或划裂的能力。通常材料的强度越高,硬度也越高。硬度测试应用最广的是压入法,即在一定载荷作用下,用比工件更硬的压头缓慢压入被测工件表面,使材料局部塑性变形而形成压痕,然后根据压痕面积大小或压痕深度来确定硬度值。从这个意义来说,硬度反映材料表面抵抗其他物体压入的能力。

2.2.5　疲劳

在机械或工程结构中,有些构件受到随时间做周期变化的交变载荷反复作用,材料若长期处于交变应力下,常在远低于其屈服强度的应力下即发生断裂,这种现象称为"疲劳"。疲劳断裂的原因被认为是由于材料表面与内部的缺陷(夹杂、划痕、尖角等),造成局部应力集中,形成微裂纹,并随应力循环次数的增加而逐渐扩展,使零件的有效承载面积逐渐减小,以至于最后突然断裂。

应力比 r 是循环应力的最小应力 σ_{min} 和最大应力 σ_{max} 的代数比,即 $r = \dfrac{\sigma_{min}}{\sigma_{max}}$,它表征了应力循环的特征。按循环应力的应力比 r 的不同可分为:交变循环,$r = -1$;脉动循环,$r = 0$;不对称循环,$r \neq 1$。各类循环应力可看成相当于平均静应力 σ_m 的和应力幅为 σ_a 的对称应力的叠加,如图 2.3 所示。

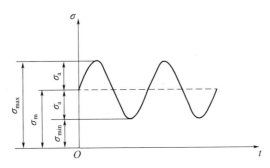

图 2.3　循环应力的构成

统计数据表明,机械零件的失效 70% 左右是疲劳引起的,而且造成的事故大多数是灾难性的。因此,通过实验研究材料抗疲劳的性能是有实际意义的。

2.2.6　韧性

材料的韧性是断裂时所需能量的度量。描述材料韧性的指标通常有两种。

1. 冲击韧性 a_k

冲击韧性是在冲击载荷作用下,材料抵抗冲击力的能力。通常用冲击韧性 a_k 来度量。a_k 是试件在承受一次冲击载荷时,单位横截面积(mm^2)上所消耗的冲击功(J),其单位为 J/mm^2。a_k 值越大,表示材料的冲击韧性越好。

2. 断裂韧性 K_{IC}

实际使用的材料,不可避免地存在一定的冶金和加工缺陷,如气孔、夹杂物、机械缺陷等,它们破坏了材料的连续性,实际上成为材料内部的微裂纹。在使用过程中,裂纹的扩展,造成零件在较低应力状态下发生低应力脆断。

材料中存在的微裂纹,在外力的作用下,裂纹尖端处存在较大的应力集中和应力场。断裂力学指出,这一应力场的强弱程度可用应力强度因子 K_1 来描述。K_1 随外载荷的增加而增大,当 K_1 增大到某一值时就可使裂纹前端某一区域内的内应力大到足以使裂纹失去稳定而迅速扩展,发生脆断。这个 K_1 的临界值称为临界应力强度因子或断裂韧性,用 K_{1C} 表示。它反映了材料抵抗裂纹扩展和抗脆断的能力。

材料的断裂韧性 K_{1C} 与裂纹的形状、大小无关,也和外加应力无关,只取决于材料本身的特性(成分、热处理条件、加工工艺等),是一个反映材料性能的常数。

2.3　材料的力学性能测试原理

为了取得强度设计的依据,必须掌握材料的力学性能,如刚度、强度、弹性、塑性、韧性等。衡量材料力学性能的指标包括弹性模量 E、屈服强度 R_e、抗拉强度 R_m、规定非比例延伸强度 R_p、断后伸长率 A、断面收缩率 Z 等。它们都是通过实验来确定的。金属材料的力学性能取决于材料的类型、化学成分、金相结构、表面和内部缺陷等,此外与测试方法、环境温度、周围介质以及试样形状、尺寸、加工精度等因素有关,因此统一的实验标准对材料的实验方法做了详细的规定。本节将参照国标或部标的规定以及材料力学知识,介绍金属材料力学性能的测试原理及方法。

2.3.1　金属材料拉伸力学性能

对大部分材料,在常温、静载之下的一次性拉伸所表现出来的性能最具有代表性。本节以金属材料拉伸实验为例,介绍测试标准、测试原理和测试方法。

我国现行的拉伸实验标准——《金属材料　拉伸试验　第 1 部分:室温实验方法》(GB/T228.1—2010),对一些术语和符号做了较大的改进。现将有关部分新旧标准中的符号摘录于表 2.1 中。本书使用表 2.1 中的新标准符号。

表 2.1　材料力学性能符号新旧标准对照表

新 标 准		旧 标 准	
性能名称	符号	性能名称	符号
断面收缩率	Z	断面收缩率	ψ
断后伸长率	A	断后延伸率	δ
屈服强度	R_{el}	屈服强度	σ_s
规定非比例延伸强度	R_p,如 $R_{p0.2}$	规定非比例延伸应力	σ_p,如 $\sigma_{p0.2}$
抗拉强度	R_m	强度极限	σ_b

1. 拉伸试样

为了使材料的力学性能在测试时不受试样形状尺寸的影响,试样应按 GB/T228.1—2010 标准中金属拉伸实验试样的规定加工。通常采用圆截面棒材试样,其外形如图 2.4 所示,各部分尺寸的允许偏差及表面加工粗糙度应符合图示规定。试样如图 2.4 所示分为三部分:L_o 称为试样原始标距,试样拉伸时的尺寸变化均在这部分长度内测量;L_c 称为试样的平行长度,L_c 应不小于 (L_o+d_0);为了保证工作部分处于均匀分布的轴向拉伸应力作用下,同时材料表面也为单向拉伸,工作部分必须表面光滑,并具有较高的加工精度;过渡部分要有适当的台肩和圆角,以降低应力集中和保证该处不会断裂;夹持部分用来将试件夹紧在实验机夹头中,其形状视实验机夹头的夹持方式而定。

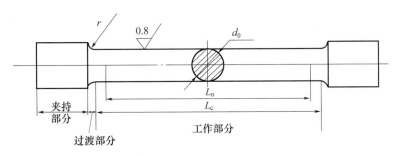

图 2.4　圆截面棒材试样

2. 实验条件

(1) 实验速度:实验表明,加载速度将影响材料的力学性能,为此,实验速度应根据材料性质和测试内容来确定。具体规定可参阅 GB/T228.1—2010。

(2) 实验温度:应在室温 $10\sim35℃$ 下进行。

(3) 夹持方法:可以采用楔型、螺纹等夹头。夹持装置应能允许试样在拉伸方向自由定位以保证试样受轴向拉伸。

3. 实验曲线分析

1) 拉伸图和应力-应变曲线

实验时载荷 F 和相应的伸长变形 ΔL,得到的曲线称拉伸图。图 2.5(a) 所示为低碳钢的拉伸图。材料的力学性能均反映在应力-应变曲线中,所以工程上常将拉伸图转变为应力-应变曲线来研究材料的性能。图 2.5(b) 所示为低碳钢的应力-应变曲线。由于 S_0、L_0 均为常量,故两图形状相同。拉伸图一般可由实验机数据处理软件自动绘制。

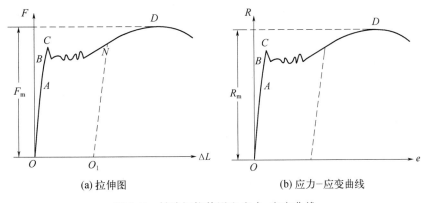

(a) 拉伸图　　　　　　　　(b) 应力-应变曲线

图 2.5　低碳钢拉伸图和应力-应变曲线

从开始受拉力一直到被拉断,低碳钢拉伸过程大致分为四个阶段。

弹性阶段:这一阶段的载荷与变形成线性关系。在此阶段中如果卸载,则变形也随之消失,直至回到零点。这种变形称为弹性变形或线弹性变形。该部分应力与应变的比值称为材料的弹性模量,以 E 表示,即

$$E = \frac{R}{e} \tag{2.4}$$

弹性模量的单位为 GPa 或 MPa。

继续增加载荷则曲线逐渐变弯,但仍为弹性,直到 B 点。

屈服阶段:过了 B 点,试件变形迅速增加,而力则上、下波动增加不大。材料发生这种变化时认为材料已到屈服阶段,这时材料产生了塑性变形。塑性变形与弹性变形不同,这时金属的晶粒间产生滑移,它是卸载后不能消失的变形,称为永久变形。在屈服过程中,不计初始瞬时效应的最低点应力为屈服强度。

强化阶段:屈服过程结束后,继续加载,载荷-变形曲线开始上升,材料进入强化阶段。若在该阶段的 N 点卸载至零,则可以得到一条与弹性阶段直线基本平行的卸载曲线。此时立即加载,则加载曲线沿卸载曲线上升,以后的曲线基本与未卸载的曲线重合。经过这样的加载、卸载过程,材料的比例极限和屈服极限提高了,而延伸率降低了,这称为冷作硬化。当材料过了屈服阶段后,需要不断增加外力才能增加变形,这时材料产生一种阻止继续塑性变形的抗力,即金属变形强化性能,它在生产中具有十分重要的意义。金属变形强化性能可以用屈服后真实应力-应变曲线(见图 2.6)的斜率来表示。曲线 OA 段是弹性变形部分,AB 段是强化阶段部分。

颈缩阶段:当载荷继续增大达到最大值 F_m 后。试样的某一局部开始出现颈缩现象,而且发展得很快,载荷也随之下降,直至试样断裂。

应力-应变曲线与坐标轴之间的面积,代表载荷施加给试样单位体积的能量,比例极限前的直线下的面积所代表的能量称为弹性变形比能,在卸载时可以完全释放出来。而其后的能量,大部分转变成热能损耗,这就是产生塑性变形的能量。

2)真应力-真应变

在拉伸过程中,由于试样任一瞬时的面积 S 和标距 L 是变化的,而工程上使用的名义应力和名义应变是按原始面积 S_0 和原始标距 L_0 计算的。任一瞬时的真实应力、真实应变与相应的名义值之间都存在着差异;在弹性阶段,由于应变值极小,二者的差异极小,所以没有必要加以区分。且在均匀变形的范围内,真应力恒大于名义应力,而真应变恒小于名义应变。

当对试样施加一个载荷 F 后,试样长度由 L_0 伸长到 L_1,伸长量 $\Delta L = L_1 - L_0$,应变即材料单位长度的变化,其表达式为

$$e = \frac{L_1 - L_0}{L_0} \tag{2.5}$$

试样在拉伸的最初阶段,其直径基本上是在全部长度上均匀地逐渐缩小,但并不明显。到了屈服阶段以后,横截面的收缩往往集中在某一薄弱处,使试样上形成一个颈缩,从而引起该处的实际拉应力最大。由于工程上应力-应变曲线中的应力是按试样的原始面积来计算的,因此当颈缩现象一出现,应力便达到它的最大值。

3）碳钢与铸铁的拉伸曲线比较

在与低碳钢相同的实验条件下,同样可以得到含碳量较高的钢的应力-应变曲线(见图2.7),将它们与低碳钢进行比较可以得出结论。

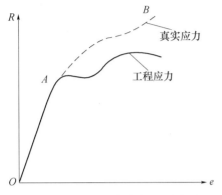

图 2.6　塑性材料真实应力-应变图

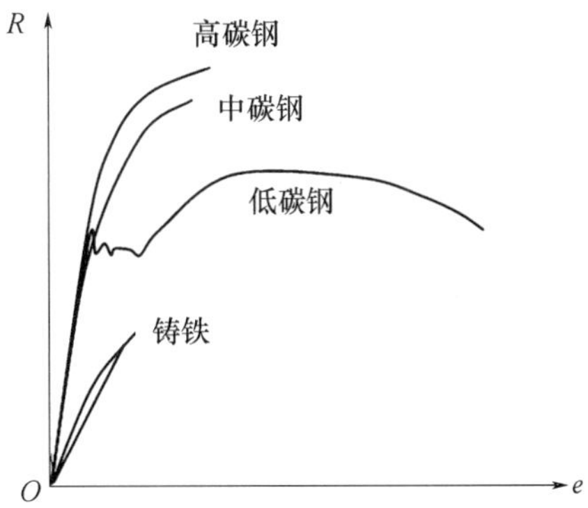

图 2.7　碳钢、铸铁应力-应变曲线

（1）它们都有一段线弹性变形,并且具有相近的弹性模量。

（2）含碳量较高的钢屈服强度较高,但没有明显的屈服现象,因此不易测出其屈服极限。拉伸强度极限较高。

（3）含碳量高的钢断裂前的变形较小,塑性较差,应力-应变曲线下的面积较小,因此材料拉断所需要的能量相应较小,韧性也较小。

再看铸铁,铸铁含碳量比高碳钢还高（2.2%～4%）,铸铁拉伸时也表现出弹性变形,卸载时应力-应变曲线回至原点,但铸铁的应力-应变曲线没有直线部分,即不是弹性变形。一般近似用初始部分曲线的割线斜率表示其弹性模量。铸铁的弹性模量较钢小,此外,铸铁没有明显的屈服点,在断裂前也不发生颈缩现象,整个变形很小,断裂前几乎没有预兆,因此把它看作脆性材料。

比较碳钢和铸铁的断裂试样可以清楚地看到,前者残余变形较大,低碳钢有颈缩现象,随着钢的含碳量增加,残余变形与颈缩现象相应减少。铸铁则没有残余变形和颈缩现象。

4. 材料的弹性指标及其测定

金属材料拉伸时首先产生的是弹性变形,弹性变形是可逆的。

弹性模量 E 的测定在实验所得到的载荷-变形曲线的线性较好的直线段取 A、B 两点,如图2.8所示,A、B 点之间力的增量 ΔP 和相应的轴向变形增量 ΔL_1,按下述公式计算弹性模量 E,即

$$E = \frac{R}{e} = \frac{\dfrac{\Delta P}{S_0}}{\dfrac{\Delta L_1}{L_e}} \qquad (2.6)$$

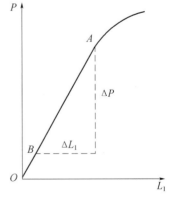

图 2.8　作图法求弹性模量 E

式中：S_0 为试样原始横截面的面积；L_e 为变形传感器原始标距。

有许多金属材料如铸铁,没有明显的线弹性变形阶段,因此无法通过弹性直线段的斜率确定弹性模量 E。这类材料可采用弦线模量或切线模量,也即用材料弹性变形曲线的割线或切线的斜率来表达其弹性模量。具体测定方法可参考 GB/T22315—2008。

5. 材料强度指标及其测定

1) 规定非比例延伸强度指标

比例极限、弹性极限均属材料弹性范围内的强度指标,作为衡量金属材料的弹性强度,在机械设计中有重要的使用价值。但实验中却很难按定义测得。为了提高测试数据的可靠性和一致性,并考虑到它们都是处于材料由弹性变形阶段转化到微量塑性变形阶段时的应力,新修订的 GB/T228.1—2010 把它们定为抗微量塑性变形的强度指标,称为规定非比例延伸强度 R_p。

测试时,对试样施加以等于规定的引伸计标距百分率时的应力,这时的应力符号再附以角注,如 $R_{p0.01}$、$R_{p0.05}$、$R_{p0.2}$ 等分别表示规定非比例伸长率 ε_p 为 0.01%、0.05% 和 0.2% 时的应力。新标准中采用图解法和滞后环法测定规定非比例伸长应力。

图解法:适用于具有明显弹性直线段;实验时需精确绘制出如图 2.9 所示的拉伸曲线,这对于电子万能实验机是很容易实现的。对应于某一规定非比例延伸强度,如 $R_{p0.2}$,试样在引伸计标距 L_e 范围内的非比例延伸为 $\Delta L_p = e_{p0.2} \cdot L_e$。拉伸曲线上与 ΔL_p 对应的横坐标为 $OC = e_p \cdot L_e$,过 C 点作直线平行于 $F - \Delta L$ 曲线的直线部分,并与曲线相交于 D 点,D 点对应载荷即为 F_p,代入式 $R_p = \dfrac{F_p}{S_0}$,即可求出 $R_{p0.2}$

滞后环法:适用于不具有明显弹性直线段的材料,无法用图解法测定规定非比例延伸强度,如图 2.10 所示。

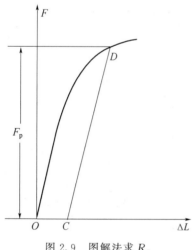

图 2.9　图解法求 R_p

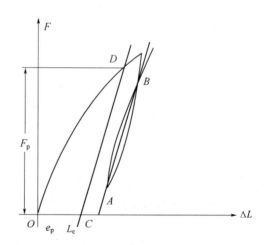

图 2.10　滞后环法求 R_p

此种方法测定 R_p 时,设预期规定非比例延伸强度相应的力值为 F'_p。对试样施加力,同时记录力-延伸曲线,加力至超过预期的规定非比例延伸强度后,将力卸除至约为所加力 F'_p 的 10%,接着再次拉伸并超过第一次卸载前的力值,一般情况下,将绘制出一个滞后环曲线。把滞后环两端点 A、B 连为一条直线,在延伸轴上量取 $OC = e_p \cdot L_e$,过 C 点作 AB 的平行线交曲线于 D 点,D 点的坐标高度代表的力值即为规定非比例延伸强度

R_p 所对应的力值 F_p，进而计算

$$R_p = \frac{F_p}{S_0} \qquad (2.7)$$

2）材料屈服强度的测定

屈服时应分两种情况，如图 2.1 所示。

（1）具有明显的屈服平台的材料：不计初始瞬时效应，屈服阶段过程中的最小应力为下屈服点 R_{el}，也就是屈服点。

（2）没有明显的屈服平台的材料：常以试样明显地产生一定程度的塑性变形时的应力作为名义屈服点。常规定在受拉过程中，塑性应变达到 0.2％时的应力为屈服强度，表示为 $R_{p0.2}$，它的测试可参照规定非比例延伸强度的测试方法。

3）抗拉强度 R_m 的测定

抗拉强度 R_m 是拉断前最大载荷对应的应力，对应于曲线上最大力 F_m。

$$R_m = \frac{F_m}{S_0} \qquad (2.8)$$

式中：F_m 为试样拉断前所能承受的最大拉力（N）；S_0 为试样原始截面积。

对于塑性材料来说，在 F_m 以前试样属均匀变形，其工作部分的伸长，以及横截面面积缩小基本上是均匀的，在 F_m 以后出现颈缩现象，变形主要集中于试样某一部分，由于颈缩处的截面积急剧减小，试样能承担的载荷随之减小。

抗拉强度 R_m 的测定：可以从拉伸曲线上确定拉伸过程中的最大载荷，再按式(2.8)计算。

6. 材料的塑性指标及其测定

拉伸时，当拉伸超过弹性极限后，金属材料继续发生弹性变形的同时，开始发生塑性变形。通常以断后伸长率 A 和断面收缩率 Z 来衡量材料的塑性。

1）断后伸长率 A 的测定

$$A = \frac{\Delta L}{L_0} \times 100\% = \frac{L_u - L_0}{L_0} \times 100\% \qquad (2.9)$$

式中：L_u 为试样断裂后标距长度（mm）；L_0 为试样原始标距长度（mm）；ΔL 为试样断裂后标距绝对伸长量（mm）。

断后伸长率是在试样拉断后测定的。试样拉断后为了量取 L_u，将其在断裂处紧密对接在一起，并尽量使其轴线位于一条直线上。

对于塑性材料而言，断裂前变形集中在颈缩处，距离断口位置越远，变形越小。因此，断口在标距间的位置对断后伸长率 A 是有影响的，其中以断口在试样正中间时最大。

为了便于比较，规定拉断处到最邻近标距端点的距离大于 $L_0/3$ 时，则直接测量标距两端点间的距离。若拉断处到邻近标距端点的距离小于或等于 $L_0/3$ 时，则需按下述断口移中法来测定 L_u。为此，需在试样原始标距内做十等分标记。以断口 O 为起点，在长段上取基本等于短段格数的 B 点，当长段所余格数为偶数时（见图 2.11(a)），则由所余格数的 1/2 得 C 点，取 BC 段长度将其移至短段一边，则得断口移中后的标距长，其计算式为

$$L_u' = AB + 2BC$$

23

如果长段取 B 点后所余格数为奇数(见图 2.11(b)),则取所余格数加 1 之后的 1/2 得 C_1 点和减 1 之后的 1/2 得 C 点,移中后的标距长为

$$L'_u = AB + BC_1 + BC$$

将计算所得的 L'_u 代替式(2.9)中的 L_u 可求得折算后的 A。

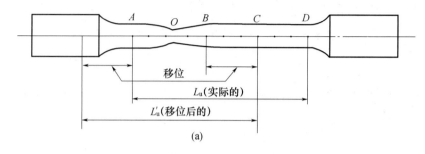

(a)

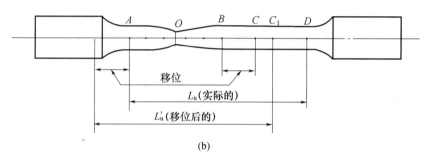

(b)

图 2.11 断口移中法测 L_u

2)断面收缩率 Z 的测定

断面收缩率是试样被拉断后,其颈缩处的断面相对收缩值,表达式为

$$Z = \frac{S_0 - S_u}{S_0} \times 100\% \tag{2.10}$$

式中:S_u 为试样颈缩处的最小面积(mm^2);S_0 为试样原始横截面面积(mm^2)。

Z 的测定对于圆截面试样比较方便,只需测出断口处的最小直径 d_u(一般从相互垂直方向测两次,取平均值),即可求出 S_u,从而求出 Z。

2.3.2 金属材料压缩时的力学性能

根据现有国标《金属材料 室温压缩实验方法》(GB/T7314—2017)的规定,测试金属材料在室温单向压缩时的力学性能,包括压缩弹性模量 E_c、规定非比例压缩应力 R_{pc}、规定总压缩应力 R_{tc}、压缩屈服点 R_{elc} 及脆性抗压强度 R_{mc} 等。由于单向压缩与拉伸仅仅是受力方向相反,因此拉伸实验时所定义的力学性能指标和相应的计算公式,在压缩实验中基本上都能适用。测试原理与方法也类似。压缩与拉伸的主要差别在于载荷-变形曲线、塑性及断裂形式等。图 2.12 所示为金属材料的压缩曲线。曲线 1 为脆性材料的压缩曲线,曲线 2 为塑性材料的压缩曲线,由曲线可知,塑性材料压缩时,随着载荷的增加,压缩变形加大,但不能断裂,因此无法测得其抗压强度,脆性材料的断裂点应力即为抗压强度极限 R_{mc}。

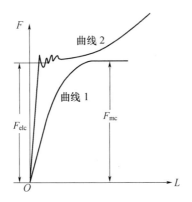

图 2.12　金属材料的压缩曲线

2.3.3　金属材料扭转时的力学性能

金属材料扭转时的力学性能对于受扭矩作用的构件十分重要。常用圆柱形试样进行扭转实验。

1. 扭转试样

试样采用圆截面。两端为夹持部分,应适合于实验机夹头夹持(见图 2.13),推荐实验段直径 $d=10$ mm,标距 $L_0=50$ mm(或 100 mm),平行长度 $L_c=70$ mm(或 120 mm)。

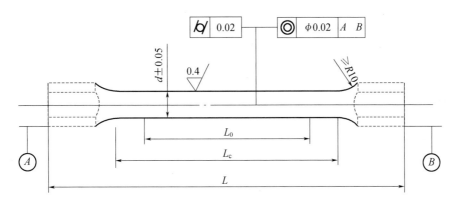

图 2.13　圆柱形试样扭转实验

2. 实验条件

① 扭转速度:屈服前应控制在 60°/min～30°/min 范围内,屈服后不大于 360°/min。速度的改变应无冲击。

② 实验温度:应在室温(10～35℃)下进行。

3. 扭转性能及测定

圆柱形试样在扭转时,试样表面应力状态如图 2.14 所示,其最大剪应力和正应力绝对值相等,夹角为 45°,因此根据试样断裂方式可以明显区别其是因剪应力还是正应力引起的破坏。如图 2.15(a)所示,断面与试样轴线垂直,断口平齐,有回旋状塑性变形痕迹,这是剪应力作用下的破坏,塑性材料常见这种断口。图 2.15(b)、(c)所示断面与试样轴线成45°螺旋状或斜劈形状,这是正应力作用下的破坏,脆性材料常见这种断口。

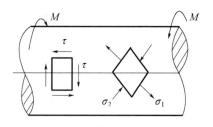

图 2.14　扭转时的表面应力

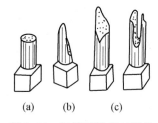

图 2.15　扭转试样端口形状

扭转时试样横截面上沿直径方向的剪应力和剪应变为线性分布,如图 2.16 所示,横截面边缘上的剪应力和剪应变最大。

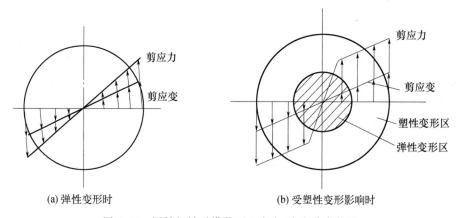

(a)弹性变形时　　　　　　　　　　(b)受塑性变形影响时

图 2.16　圆轴扭转时横截面上应力、应变分布状况

根据 GB/T10128—2007《金属室温　扭转试验方法》规定,测试金属材料在室温受扭转时的力学性能包括规定非比例扭转应力 τ_p、屈服点 τ_e、抗扭强度 τ_m 和剪切弹性模量 G 等。下面分别介绍它们的测试方法。

1) 剪切弹性模量的测定

试样扭转时,剪应力 τ 与剪应变 γ 在线性范围内之比称为剪切弹性模量或切变模量,以 G 表示,即

$$G = \frac{\tau}{\gamma} \tag{2.11}$$

当已知试样直径 d,扭转计标距长 L_e,施加扭矩 T 时测得扭转角为 φ,则由材料力学可知

$$\tau = \frac{Td}{2I_p}; \gamma = \frac{\varphi d}{2L_e}$$

因为

$$G = \frac{\tau}{\gamma}$$

26

所以

$$G = \frac{TL_e}{\varphi I_p} \qquad (2.12)$$

式中：$I_p = \pi d^4/32$ 为试样横截面极惯性矩。G 的测试方法为：实验中绘制试样扭转时的扭矩-扭转角曲线（见图 2.17），在所绘制曲线的弹性直线段上，读取扭矩增量（ΔT）和相应的扭转角增量（$\Delta \varphi$），按式（2.13）计算剪切弹性模量，即

$$G = \frac{\Delta T L_e}{\Delta \varphi I_p} \qquad (2.13)$$

2）规定非比例扭转应力的测定

试样扭转时，其标距部分的非比例剪应变达到规定数值 γ_p 时，按弹性扭转公式计算的剪应力即规定非比例扭转应力 τ_p，这时的应力符号应附以角注说明，如 $\tau_{p0.015}$、$\tau_{p0.3}$ 等分别表示规定非比例剪应变达到 0.015% 和 0.3% 时的剪应力。其测定方法如下。

实验过程中绘出试样扭转时的扭矩-扭转角曲线（见图 2.18），在绘制的扭矩-扭转角曲线上截取 $OC = (2L_e \cdot \gamma_p/d)$ 段，过 C 点作弹性直线段的平行线 CA 交曲线于 A 点，A 点对应的扭矩为所求的扭矩 T_p。

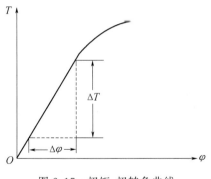

图 2.17　扭矩-扭转角曲线

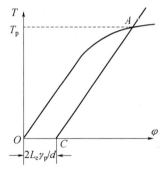

图 2.18　图解法求 τ_p

按公式计算规定非比例扭转应力为

$$\tau_p = \frac{T_p}{W} \qquad (2.14)$$

式中：对圆截面试样 $W = \dfrac{\pi d^3}{16}$。

3）屈服点的测定

屈服点是指试样扭转时，扭转角增加而扭矩保持恒定（出现屈服平台，见图 2.19(a)）时，所对应的屈服扭矩，按弹性扭转公式计算的剪应力。如果扭矩发生上、下波动（见图 2.19(b)）则应区分上屈服点和下屈服点。

4）抗扭强度的测定

试样在扭断前承受的最大扭矩 T_m，按弹性扭转公式计算的试样表面最大剪应力即为抗扭强度，以 τ_m 表示。其测定方法为：实验时，对试样连续施加扭矩，直至被扭断。从

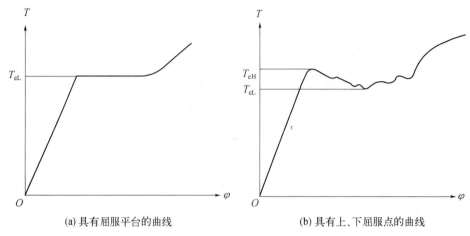

(a) 具有屈服平台的曲线   (b) 具有上、下屈服点的曲线

图 2.19 具有物理屈服现象的扭转曲线

扭转曲线上(见图 2.20),记录下的试样被扭断时所承受的最大扭矩 T_m,然后按式(2.15)计算即得抗扭强度 τ_m

$$\tau_m = \frac{T_m}{W} \tag{2.15}$$

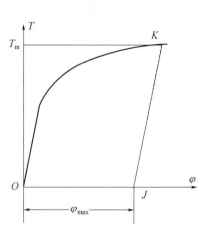

图 2.20 扭矩-扭转角曲线测 τ_m

式(2.15)是在弹性阶段、试样横截面上剪应力和剪应变沿半径方向的分布都是直线关系(见图 2.16(a))时的计算式。若考虑到塑性变形影响,剪应变虽保持直线分布,但剪应力由于试样表面首先产生塑性变形而有所下降,不再是直线分布(见图 2.16(b)),所以用式(2.15)计算出来的 τ_m 值与真实情况有一定差距,故 τ_m 应为条件扭转强度极限。

5)最大非比例剪应变的测定

试样被扭断时其外表面上的最大非比例剪应变以 γ_{max} 表示。测定方法为:实验过程绘制的扭矩-扭转角曲线,如图 2.20 所示。对试样连续施加扭矩,直至断裂。过断裂点 K 作曲线的弹性直线段的平行线 KJ 交扭角轴于 J 点,OJ 即为最大非比例扭角 φ_{max},按式(2.16)计算最大非比例剪应变,即

$$\gamma_{max} = \left(\frac{\varphi_{max}d}{2L_e}\right) \times 100\% \tag{2.16}$$

2.3.4 材料的断裂性能

断裂是材料破坏的主要形式之一。断裂破坏主要与材料中裂纹的扩展有关。金属材料在生产、加工和使用的过程中或多或少会在其内部留下缺陷,这些缺陷就是一些微裂纹。在一定的外部条件下,这些微裂纹会扩展,形成宏观裂纹,当宏观裂纹贯穿构件截面时造成结构破坏。裂纹的扩展和许多因素有关,最主要的因素是材料本身的机械性能及所受的载荷状况。本小节主要介绍材料在平面应变下抵抗裂纹失稳扩展能力度量的材料

断裂韧性 K_{IC} 的测试原理和方法。

材料断裂韧性的测定对于断裂安全设计与缺陷评定、冶金因素对材料性能影响的研究、产品质量的控制与验收、材料组织设计与工艺优化、防止断裂事故的发生等都有重要的意义。

材料发生脆断的准则是 $K_I = K_{IC}$。式中 K_I 为材料的强度因子,是反映裂纹尖端附近应力场强弱程度的参量。K_{IC} 则是材料在平面应变状态下抵抗裂纹失稳扩展能力的度量,是衡量材料断裂性能的重要指标。称为材料的平面应变断裂韧性,是材料本身的一种性质。因此,在一定条件下,它与加载方式、试样类型和尺寸无关(但与实验温度和加载速率有关),可以通过实验测定。

显然,如果已知带裂纹试样的应力强度因子 $K_I(F)$ 的表达式,而且试样尺寸又能保证裂纹尖端处于平面应变状态,那么,只要测得试样在裂纹发生失稳扩展时的载荷 F,即可代入相应的 K_I 计算公式而求得试样的平面应变断裂韧性 K_{IC}。

材料的断裂性能指标必须通过实验来测定,参见 GB/T4161—2007。

1. 制备试样,预制疲劳裂纹

为了模拟实际构件中存在的尖锐裂纹,试样必须在疲劳实验机上预制疲劳裂纹。其方法是,先用线切割机在试样上切割机械切口,然后在疲劳实验机上使试样承受循环交变应力,引发尖锐的疲劳裂纹。

预制疲劳裂纹时,应仔细监测试样两侧裂纹的萌生情况,避免两侧裂纹不对称发展。疲劳裂纹在试样表面上的长度应不小于 0.025W 或 1.3mm,取其中的较大者。

目前采用的疲劳实验机种类很多,一般有程序控制的电液伺服万能疲劳实验机、电磁共振式高频程序控制疲劳实验机、液压传动疲劳实验机等。

2. 测试方法

测试前,首先测量预制疲劳裂纹试样的尺寸,并在裂纹嘴两侧用专用胶水贴上刀口,装好夹式引伸计,然后将试样安装在材料实验机上,经过对中,再将引伸计和载荷传感器的输出端接到计算机的数据采集口。为了消除机件之间存在的间隙,正式实验前应在弹性范围内反复加载和卸载,确认实验机和仪器的工作状况正常以后,才开始实验。随着载荷 F 及裂纹嘴张开位移 V 的增加,即可自动绘出 $F-V$ 曲线。实验进行到不能承受更大的载荷为止。

应当指出,加载速率的大小对 K_{IC} 值有较大的影响,高速加载会导致 K_{IC} 的值偏高。

三点弯曲试样几何形状如图 2.21 所示。在万能材料实验机上进行三点弯曲加载。直到试样断裂,记录下加载力和夹式引伸计给出的裂纹张开量之间的 $F-V$ 关系曲线。

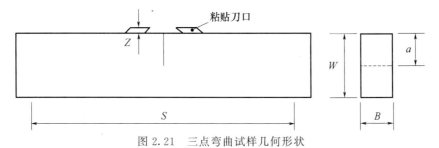

图 2.21 三点弯曲试样几何形状

其 K_I 表达式为

$$K_I = \frac{F_Q S}{B W^{3/2}} f\left(\frac{a}{W}\right) \tag{2.17}$$

式中

$$f\left(\frac{a}{W}\right) = \frac{3\left(\dfrac{a}{W}\right)^{1/2}\left[1.99 - \left(\dfrac{a}{W}\right)\left(1 - \dfrac{a}{W}\right)\left(2.15 - 3.93\dfrac{a}{W} + 2.70\dfrac{a^2}{W^2}\right)\right]}{2\left(1 + \dfrac{2a}{W}\right)\left(1 - \dfrac{a}{W}\right)^{3/2}}$$

表 2.2 给出了三点弯曲试样的 $f\left(\dfrac{a}{W}\right)$ 值,以方便查取。

表 2.2　三点弯曲试样的 $f\left(\dfrac{a}{W}\right)$ 值

a/W	$f(a/W)$	a/W	$f(a/W)$	a/W	$f(a/W)$
0.450	2.29	0.485	2.54	0.520	2.84
0.455	2.32	0.490	2.58	0.525	2.89
0.460	2.35	0.495	2.62	0.530	2.94
0.465	2.39	0.500	2.66	0.535	2.99
0.470	2.43	0.505	2.70	0.540	3.04
0.475	2.46	0.510	2.75	0.545	3.09
0.480	2.50	0.515	2.79	0.550	3.14

3. 实验结果处理

1) 临界载荷 F_Q 的确定

从试样的 K_I 表达式可以看出,当试样的类型和尺寸确定后,只要能找出临界载荷,即裂纹开始失稳扩展的载荷,代入相应的 K_I 表达式就能计算出 K_{IC}。因此,如何根据实验得到的 F-V 曲线确定临界载荷是测试 K_{IC} 的关键。

如果材料很脆或试样尺寸很大,则裂纹一开始扩展试样就断裂,即断裂前无明显的亚临界扩展。这时最大断裂载荷 F_{max} 就是裂纹失稳扩展的临界载荷。但是,在一般情况下,试样断裂前裂纹都有不同程度的缓慢扩展,失稳扩展没有明显的标志,最大载荷不再是裂纹开始失稳时的临界载荷。于是仿照材料力学在拉伸实验中,当屈服现象不明显时可用 $R_{p0.2}$ 来代替 σ_s 的办法,在 K_{IC} 测试标准中规定,把裂纹扩展量 Δa 达到裂纹原始长度 a 的 2%(即 $\Delta a/a = 2\%$)时的载荷作为临界载荷,称为"条件临界载荷",用 F_Q 表示。

由于实际测试时绘出的是 F-V 曲线,而不是 F-Δa 曲线,因此,要在 F-V 曲线上找出相应于裂纹扩展量 $\Delta a/a = 2\%$ 的点,就必须建立裂纹嘴的张开位移与裂纹扩展量之间的关系。为此,可先用一组裂纹长度不同而其他都相同的试样进行实验,绘制出 F-V 曲线(见图 2.22(a)),从而便能找出试样的柔度 V/F 与相对裂纹长度 a/W 之间的关系。为使特定厚度的某材料试样所得结果,适用于不同厚度具有相似外形的各种材料试样,通常采用无量纲化柔度 BEV/F 为纵坐标,a/W 为横坐标来绘制这种关系曲线(见图 2.22(b))。应该指出,在用不同裂纹长度的试样测量 $F-V$ 关系时,要用较低的载荷 F,严格控制试样处于弹性变形状态才能免除塑性区等效扩展的影响。

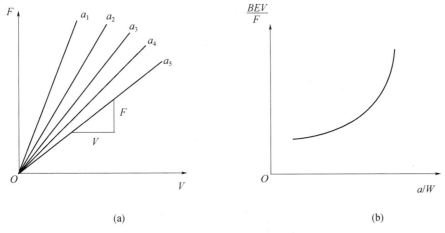

(a)   (b)

图 2.22　$F-V$ 曲线和 $BEV/F-a/W$ 标定曲线

图 2.22(b)中的 $BEV/F-a/W$ 曲线可以拟合为函数关系表达式,即

$$\frac{BEV}{F}=f\left(\frac{a}{W}\right) \tag{2.18}$$

若将上式两边微分并除以原式,得

$$\frac{\mathrm{d}V}{V}=\frac{f'\left(\dfrac{a}{W}\right)\mathrm{d}\left(\dfrac{a}{W}\right)}{f\left(\dfrac{a}{W}\right)}=\frac{f'\left(\dfrac{a}{W}\right)}{f\left(\dfrac{a}{W}\right)}\cdot\frac{a}{W}\frac{\mathrm{d}a}{a}=H\frac{\mathrm{d}a}{a} \tag{2.19}$$

式中:

$$H=\frac{f'\left(\dfrac{a}{W}\right)}{f\left(\dfrac{a}{W}\right)}\cdot\frac{a}{W}$$

H 为标定因子。对于一定形状和一定裂纹长度的试样,H 有其一定的数值。例如,当 $a/W=0.5$ 时,标准三点弯曲试样的 $H=2.5$,为了简化实验程序,统一用 $a/W=0.5$ 的 H 值。鉴于各类标准试样在 $a/W=0.5$ 时,H 值均接近于 2.5,所以通常统一按 $H=2.5$ 计算。

当裂纹相对扩展量 $\mathrm{d}a/a=2\%$ 时,由式(2.19),得

$$\mathrm{d}V/V=H\frac{\mathrm{d}a}{a}=2.5\times2\% \tag{2.20}$$

即裂纹相对扩展量 $\mathrm{d}a/a=2\%$ 时的点与裂纹嘴张开位移的相对增量 $\mathrm{d}V/V=5\%$ 的点对应。于是,只要在 $F-V$ 曲线上找出 $\mathrm{d}V/V=5\%$ 的点,便可获得条件临界载荷的数值。

如果裂纹没有扩展,$F-V$ 曲线应为直线段,假定在某一载荷 F 下,裂纹嘴的张开位移为 V,则 $F-V$ 曲线初始直线段的斜率可表示为 F/V;如果裂纹扩展了,$F-V$ 曲线将偏离初始线性段,则在同一载荷 F 下,裂纹嘴的张开位移必然有一个增量 $\mathrm{d}V$,与此相对的

$F-V$ 曲线中的割线斜率就应为 $F/(V+\mathrm{d}V)$。当裂纹嘴的张开位移相对增量 $\mathrm{d}V/V=5\%$ 时,该割线斜率的数值为

$$\frac{F}{V+\mathrm{d}V}=\frac{F}{V\left(1+\dfrac{\mathrm{d}V}{V}\right)}=\frac{F}{V(1+5\%)}=95\%\left(\frac{F}{V}\right) \tag{2.21}$$

式(2.21)表明,与裂纹相对扩展量为 2% 的点(与裂纹嘴张开位移的相对增量为 5% 的点)对应的 $F-V$ 曲线上的割线斜率比裂纹未扩展时初始直线段的斜率下降了 5%。由此可用作图法从 $F-V$ 曲线上确定的 F_Q 的数值。

在 K_{IC} 的测试中,通常所得到的 $F-V$ 曲线有三种类型,如图 2.23 所示。

当试样的厚度很大或材料的韧性很差时,往往测得的是第 III 类曲线,在这种情况下,裂纹在加载过程中并无扩展,当载荷达到最大值时,试样发生骤然断裂,这时最大载荷就可作为 F_Q。

当试样的厚度稍小或材料的韧性不是很差时,则可得到第 II 类曲线。此类曲线有一个明显的"迸发"平台,这是由于在加载过程中,处于平面应变状态的中心层失稳扩展,然而处于平面应力状态的表面层尚不能扩展,因此,中心层的裂纹扩展很快被表面层拖住。这种试样在达到"迸发"载荷时,往往可以听到清脆的"爆裂"声。这时"迸发"载荷就可以作为 F_Q。由于显微组织不均匀,有时在 $F-V$ 曲线上可能会多次出现"迸发"平台,此时应取第一个"迸发"平台的载荷作为 F_Q。

当试样的厚度减到最小限度或材料韧性较好时,所得到的是第 I 类曲线。这时不能以最大载荷作为 F_Q。因为在达到最大载荷前,裂纹已逐步扩展。又由于在这种情况下,裂纹最初的"迸发"性扩展量很小,迸发载荷在 $F-V$ 曲线上难以分辨,无法像第 II 类曲线那样用迸发载荷作为临界载荷。所以这时就只能根据裂纹相对扩展量的 2% 这个条件去确定 F_Q(即 $F_Q=F_S$)。

综上所述,确定 F_Q 的方法是:过 $F-V$ 曲线的线性段作直线 OA,并通过 O 点作一条斜率比 OA 斜率小 5% 的割线,它与 $F-V$ 曲线的交点记为 F_S,如图 2.23 所示。如果在 F_S 之前,$F-V$ 曲线上的每一点的负载都低于 F_S,则取 $F_Q=F_S$;如果在 F_S 之前还有一个超过 F_S 的最大载荷,则取最大载荷为 F_Q,如图 2.23 中第 II 类曲线取迸发载荷为 F_Q,第 III 类曲线取 $F_Q=F_{max}$。

2)裂纹长度 a 的确定

裂纹长度 a 在预制疲劳裂纹时只能估计一个大概数值,它的准确数值要等到试样断后,从断口上去实际测量。

在一般情况下,预制疲劳裂纹的前缘不是平直的,按测试标准规定,需在 O、$\dfrac{1}{4}B$、$\dfrac{1}{2}B$、$\dfrac{3}{4}B$、B 的位置上测 5 个裂纹长度(见图 2.24)。取平均裂纹长度为

$$\bar{a}=\frac{1}{3}(a_2+a_3+a_4) \tag{2.22}$$

按 GBT/4161—2007 要求,a_2、a_3、a_4 中任意两个测量值之差不得大于 $10\%\bar{a}$,表面上的裂纹长度 a_1、a_5 与 $\bar{a}$ 之差不得大于 $10\%\bar{a}$,且 a_1 与 a_5 之差也不得大于 $10\%\bar{a}$。同

时,还要求裂纹面应与 $B-W$ 平面平行,偏差在 $\pm10°$ 以内,否则实验无效。

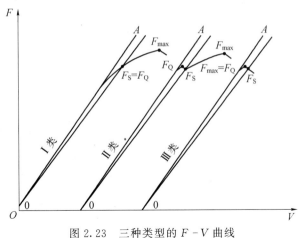

图 2.23　三种类型的 $F-V$ 曲线

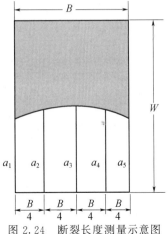

图 2.24　断裂长度测量示意图

3）有效性判断

确定了裂纹长度 a 和临界载荷的条件值 F_Q 后,便可将其代入式(2.17)的 K_I 表达式进行计算,由此得条件断裂韧性 K_Q,而 K_Q 能否作为有效的 K_{IC} 值,还需要检验以下两个条件是否满足,即

$$\begin{cases} F_{\max}/F_Q \leqslant 1.1 \\ a,B \geqslant 2.5(K_Q/R_{p0.2})^2 \end{cases} \qquad (2.23)$$

如果两个条件都能满足,则 K_Q 就是材料的平面应变断裂韧性 K_{IC} 的有效值,即 $K_{IC}=K_Q$,否则实验结果无效。当两个条件中有一个或者两个都不满足时,则应该用较大试样(尺寸至少为原试样的 1.5 倍)重新进行实验,直至上述两个条件都得到满足,才能确定材料的有效 K_{IC} 值。

表 2.3 列出了几种国产材料在常温下的 K_{IC} 值,仅供参考。

表 2.3　几种国产材料在常温下的 K_{IC} 值

材料	热处理状态	强度指标/MPa		$K_{IC}/$	主要用途
		$R_{p0.2}$	R_m	$(\text{MPa} \cdot \sqrt{m})$	
40 钢	860℃正火	294	549	70.7～71.9	轴类
45 钢	正火	$HR_c=52.3$	804	101	轴类
30Cr2MoV	940℃空冷 680℃回火	549	686	140～155	大型汽轮机转子
40CrNiMoA	860℃淬油 200℃回火	1579	1942	42.2	
	860℃淬油 380℃回火	1383	1491	63.3	
	860℃淬油 430℃回火	1334	1393	90.0	
34CrNi3Mo	860℃加热 780℃预冷淬油 650℃回火	539	716	121～138	大型发电机转子
14MnMoNbB	920℃淬水 620℃空冷	834	883	152～166	压力容器
14SiMnCrNiMoV	930℃淬水 610℃回火	834	873	82.8～88.1	高压空气瓶

33

材料	热处理状态	强度指标/MPa		K_{IC}/ $(MPa \cdot \sqrt{m})$	主要用途
		$R_{p0.2}$	R_m		
18MnMoNiCr	880℃ 3 小时空冷 680℃ 8 小时空冷	490		276	厚壁压力容器
20SiMn2MoVA	900℃淬油 250℃回火	1216	1481	113	石油钻机吊具
15MnMoVCu	铸钢	520	677	38.5~74.4	水轮机叶片
30CrMnSiNi2A	890℃加热 300℃等温	1393		80.3	航空用钢
40MnSiV	900℃淬火 440℃回火	1471	1648	83.7	预应力钢筋
稀土镁球铁	920℃加热硝盐淬火 380℃回火		1304	35.7~38.8	轴类
钢钼球铁	正火			34.1~35.7	内燃机车曲轴
重轨钢		510~628	853~1040	37.2~48.4	50kg/m 钢轨
稀土球铁	880℃加热 310℃等温	$HR_c=38~42$		49.6~52.7	轴类

4）试样强度比的计算

当实验结果不满足式（2.23）所列的两个有效性条件时，如果在达到最大载荷前裂纹确实有了显著扩展，则可以计算试样的强度比，用它作为材料韧性的相对度量。

试样的强度比 R_{me} 指的是试样在裂纹尖端处的名义断裂应力与材料屈服极限的比值。该比值无量纲，它与试样所能承受的最大载荷、试样尺寸及材料的屈服极限有关。强度比不是断裂力学参量，只能当材料的有效 K_{IC} 值不能测得时，作为比较材料韧性的一个相对指标。

三点弯曲标准试样的强度比计算公式为

$$R_{me} = \frac{6F_{max}W}{B(W-a)^2 R_{p0.2}} \tag{2.24}$$

4. 计算实例

这里以三点弯曲试样为例来说明材料 K_{IC} 的测量方法，并着重介绍数据计算和有效性判断。

1）基本情况

材料为 40CrMoSiNi2A 合金钢，其屈服极限 $R_{p0.2}=835MPa$，试样的尺寸 $W=60mm$，$B=0.5W$，$S=2400mm$。测试中所获得的 $F-V$ 曲线的形状如图 2.23 所示，为第Ⅰ类曲线，最大载荷为 $F_{max}=43.90kN$，条件临界载荷是用小于初始线性段斜率 5% 的割线去截取得到的，其值 $F_Q=41.70kN$。试样断裂后，从断口上测得裂纹长度为 $a_1=30.70mm$，$a_2=31.08mm$，$a_3=32.78mm$，$a_4=31.85mm$，$a_5=31.50mm$。

2）数据计算

（1）平均裂纹长度。

$$\bar{a} = \frac{1}{3}(a_2 + a_3 + a_4) = \frac{1}{3}(31.08 + 32.78 + 31.85)mm \approx 31.90mm$$

中间三个裂纹长度中任意两个之差

$$\left.\begin{array}{l}|a_2-a_3|=|31.08-32.78|=1.7\text{mm}\\|a_3-a_4|=|32.78-31.85|=0.93\text{mm}\\|a_4-a_2|=|31.85-31.08|=0.77\text{mm}\end{array}\right\}<10\%\ \overline{a}=3.19\text{mm}$$

表面上的两个裂纹长度之差

$$|a_1-a_5|=|30.70-31.50|=0.8\text{mm}<10\%\ \overline{a}=3.19\text{mm}$$

表面上的裂纹长度与平均裂纹长度之差

$$\left.\begin{array}{l}|a_1-\overline{a}|=|30.70-31.90|=1.2\\|a_5-\overline{a}|=|31.50-31.90|=0.4\end{array}\right\}<10\%\ \overline{a}=3.19$$

可见预制疲劳裂纹完全符合 GB/T4161—2007 的要求,是有效的。

(2)相对裂纹长度。

$$a/W=\frac{31.9}{60}\approx0.532$$

则 $0.45<a/W<0.55$ 满足要求。

(3)条件断裂韧性。当 $a/W=0.532$ 时,查表 2.2 得 $f\left(\dfrac{a}{W}\right)=2.96$,则根据式(2.17),得

$$K_Q=\frac{F_Q S}{BW^{3/2}}f\left(\frac{a}{W}\right)=\frac{41700\times240\times10^{-3}}{30\times10^{-3}\times(60\times10^{-3})^{3/2}}\times2.96\text{Pa}\sqrt{\text{m}}\approx67.18\text{MPa}\sqrt{\text{m}}$$

3)有效性判断

$$F_{\max}/F_Q=\frac{43900}{41700}\approx1.05<1.1$$

$$2.5(K_Q/R_{p0.2})^2=2.5(67.18/835)^2\text{m}\approx16.18\times10^{-3}\text{m}=16.18\text{mm}$$

$$\left.\begin{array}{l}B=30\\a=30\end{array}\right\}>2.5(K_Q/R_{p0.2})^2=16.18\text{mm}$$

有效性判据能够得到满足,所以测得的 K_Q 值就是材料的有效 K_{IC} 值,即 $K_Q=K_{IC}=67.18\text{MPa}\cdot\sqrt{\text{m}}$。

2.3.5 材料的疲劳强度

材料或构件在随时间进行周期性改变的交变应力作用下,经过一段时期后,在应力远小于强度极限或屈服极限的情况下,突然发生脆性断裂,这种现象称为疲劳。疲劳极限即材料承受近无限次应力循环(对钢材约为 10^7 次),而不破坏的最大应力值。统计数据表明,机械零件的失效,约有 70% 左右是疲劳引起的,而且造成的事故大多数是灾难性的。因此,通过实验研究材料抗疲劳的性能是有实际意义的。

因为不可能进行无数次循环实验,所以要规定一个循环基数 N_0。对应于循环基数的最大应力为条件疲劳极限。

1. 计算实例疲劳实验

这里介绍单点法测定材料的疲劳强度,该实验依据的标准是 HB5152—1996(金属室温旋转弯曲疲劳实验方法)。这种方法在试样数量受到限制的情况下,可以近似地测定

S - N 曲线和粗略地估计疲劳极限。

单点实验法至少需要 6～8 根试样,第一根试样的最大应力为$(0.6～0.8)\sigma_b$,经过 N_1 次循环后失效;继续取另一根试样,减小载荷至 σ_2 进行同样的实验,经过 N_2 次循环后失效;这样对第 3、4、5……根试样依次递减其载荷,按同样的方法进行实验。各试样的应力水平依次递减,疲劳寿命 N_i 随之依次递增。直至某一根试样在超过循环基数 N_0 以后并不发生疲劳破坏,结束实验。

2. 计算实例疲劳曲线(S - N 曲线)

疲劳实验得到一系列最大应力 σ_{max} 和疲劳寿命 N 的数据,绘制出一条 σ_{max} 与 N 的曲线,称为疲劳曲线或应力-寿命曲线。常以 S 表示正应力 σ 或剪应力 τ 绘制 S - $\lg N$ 曲线。如图 2.25 所示是低碳钢的疲劳曲线。

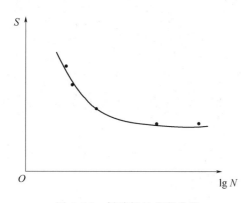

图 2.25 低碳钢的疲劳曲线

3. 计算实例疲劳极限的确定

从图 2.25 所示的曲线可见,σ_{max} 减小到某一数值,S - N 曲线趋于水平,这表明,循环中的最大应力若不超过某一限值,则材料可经历无限次应力循环而不发生疲劳破坏,应力的这个限值称为疲劳极限或持久极限。材料疲劳极限与试样的变形形式(拉伸、压缩、扭转、弯曲等)和循环特征值 R 有关。

2.4 常用材料实验机原理及结构

工程材料的力学性能测试离不开实验机。根据测试对象、测试目的不同,所用到的实验机是不同的。本节主要介绍一些在材料实验中常用的实验机。

2.4.1 常用实验机简介

1. 国产 CSS 系列电子万能实验机

国产 CSS 系列电子万能实验机如图 2.26 所示。

该实验机构造及原理介绍见 2.4.2 节。

2. 电液伺服式万能材料实验机

这类实验机与电子万能实验机相比较,可以提供较大的载荷。动力系统需要油源,一

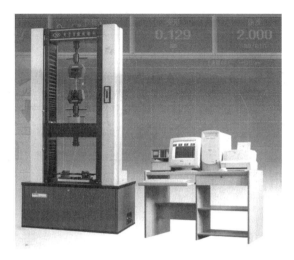

图 2.26　CSS 系列电子万能实验机

般在工作时噪声比较大,没有电子万能实验机清洁,如图 2.27 所示。

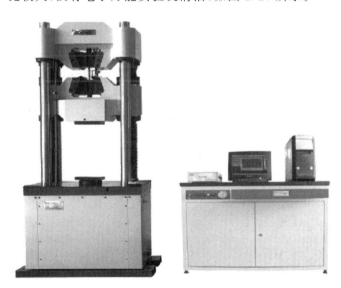

图 2.27　电液伺服式万能材料实验机

3. 扭转实验机

扭转实验机的功能比较单一,主要测试材料的扭转剪切强度和在扭矩作用下的性能。图 2.28 所示为一典型的电子式扭转实验机。

该实验机采用基于全数字闭环测量控制系统;具有扭矩和角度两种控制模式,两种控制模式能相互切换;能完成等扭矩加荷和扭矩保持等实验;适用于金属材料、非金属材料、复合材料以及构件的扭转性能测试;能自动求取材料的剪切模量 G、规定非比例扭转应力 τ_p、屈服点 τ_e、抗扭强度 τ_m 等性能参数,并对实验数据进行统计和处理,然后输出各种要求格式的实验报告和特性曲线。

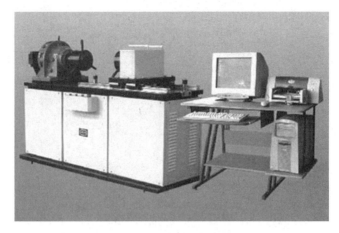

图 2.28　电子式扭转实验机

4. 疲劳实验机

1）高频疲劳实验机

图 2.29 所示为高频疲劳实验机，主要用于测量金属材料及构件在交变负荷下的疲劳性能。高频疲劳实验机是基于共振原理进行工作的，由主振动弹簧、测力传感器、试样及主振系统的质量构成机械振动系统，振动由激振器来激励和保持，当激振器产生的激振力的频率与振动系统的固有频率基本一致时，这个系统便发生了共振，这时主质量在共振状态下所产生的惯性力，往复作用在试样上，从而完成对试样的疲劳实验。本系列实验机配用相应的夹具附件，可以进行三点弯曲、四点弯曲、板试样拉伸、圆试样拉伸、齿轮、螺栓、连杆、链条等疲劳实验，还可以进行裂纹扩展速率及程控加荷等实验。

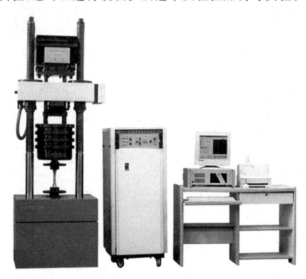

图 2.29　高频疲劳实验机

2）低频疲劳实验机

低频疲劳实验机如图 2.30 所示。

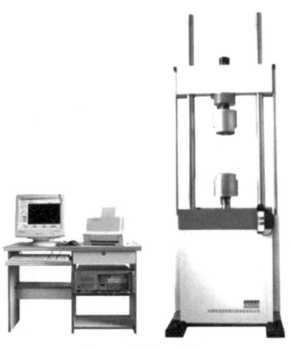

图 2.30　低频疲劳实验机

5. 冲击实验机

冲击实验机主要用来对材料的冲击性能进行测试。常用的冲击实验机有两类：一类是摆锤式冲击实验机（见图 2.31）；另一类是落锤式冲击实验机（见图 2.32）。

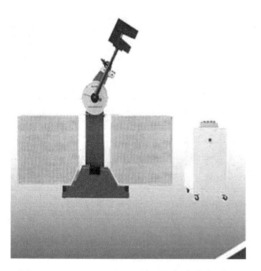

图 2.31　ZBC2502-1 型摆锤式冲击实验机

图 2.32　落锤式冲击实验机

下面以深圳新三思测试技术有限公司生产的 ZBC2502-1 型摆锤式冲击实验机为例说明冲击实验机的主要用途和技术指标。如图 2.31 所示，该机用于测试金属材料在动载荷下抵抗冲击的性能，适用于航空航天、机械冶金、大专院校、科研院所等行业的材料分析检测。

2.4.2 电子万能实验机

一般把可以做拉伸、压缩、剪切和弯曲等多种实验的实验机称为万能实验机。图2.26为国产CSS系列电子万能实验机,它是电子技术与机械传动相结合的一种新型实验机,采用各类传感器进行力和变形测试,适用于金属、非金属、复合材料的拉伸、压缩、弯曲实验,如果配置相应的功能附具,还可做扭转、剪切、剥离、断裂等实验。该实验机具有测量精度高、加载控制简单、实验范围宽等特点,以及提供较好的人机交互界面,具备对整个实验过程进行预设和监控,直接提供实验分析结果和实验报告,实验数据和实验过程再现等优点。现以长春实验机研究所研制的CSS系列电子万能实验机为例,简单介绍其构造原理和使用操作方法。

构造原理:该实验机由步进电动机驱动,丝杠带动横梁的上下移动。有不同等级精度的力传感器在线测量实验中的力,由光电编码器测量横梁的位移。实验机的控制、数据的记录和处理由专门的控制系统和计算机完成。在测试系统接通电源后,计算机按实验前设定的数值发出横梁移动指令,该指令通过伺服控制系统控制主机内部的伺服电动机转动,经过皮带、齿轮等减速机构后驱动左、右丝杠转动,由活动横梁内与之啮合的螺母带动横梁上升或下降。装上试样后,实验机可通过载荷、变形、位移传感器获得相应的信号,该信号放大后通过A/D转换器进行数据采集和转换,并将数据传递给计算机。计算机一方面对数据进行处理,以图形及数值形式显示出来;另一方面将处理后的信号与初始设定值进行比较,调节横梁移动改变输出量,并将调整后的输出量传递给伺服控制系统,从而可达到恒速率、恒应变、恒应力等高要求的控制需要。该实验机由主机、数字控制系统、测量系统组成。

1. 主机部分

电子万能实验机主机主要由负荷机架、传动系统、夹持系统和位置保护装置四部分组成,如图2.33所示。

1)负荷机架

负荷机架由四立柱支持上横梁与工作台板构成门式框架,两丝杠穿过活动横梁两端并安装在上横梁与工作台板之间。工作台板有两个支脚支承在底板上,且机械传动减速器也固定在工作台板上。工作时,电动机驱动机械传动减速器,进而带动丝杠转动,驱使动横梁上下移动,实验过程中,力在门式负荷框架内得到平衡。

2)传动系统

传动系统由数字式脉宽调制直流伺服系统、减速装置和传动带轮组成。执行元件采用永磁直流伺服电动机,其特点是响应快,而且该电动机具有高转矩和良好的低速性能。由与电动机同步的高性能光电编码器作为位置反馈元件,从而使活动横梁获得准确而稳定的实验速度。

3)夹持系统

对于100kN和200kN规格的电子万能实验机,在夹具的上夹头安装有万向连轴节,它的作用是消除由于上、下拉伸夹具的不同轴度误差带来的影响,使试样在拉伸过程中只受到轴线方向的单向力,并使该力准确地传递给负载传感器。但500kN规格的电子万能实验机的夹具不用万向连轴节,而是通过连杆直接与夹具刚性连接。对于双空间结构的

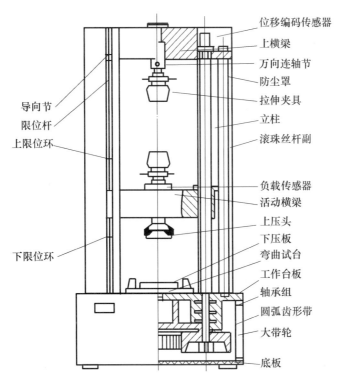

图 2.33　电子万能实验机主机结构图

电子万能实验机(如 100kN 和 200kN 规格的实验机),下夹头安装在活动横梁上。对于单空间结构的电子万能实验机(如 500kN 的实验机),下夹头直接安装在工作台板上。

4)位置保护装置

活动横梁位移行程限位保护装置由导杆,上、下限位环及限位开关组成,安装在负荷机架的左前方。调整上、下限位环可以预先设定横梁上、下运动的极限位置,从而保证当活动横梁运动到极限位置时,碰到限位环,带动导杆操纵限位开关切断驱动电动机电源,立即停止活动横梁运行。

2. 数字控制系统

数字控制系统由德国 DOLI 公司的 EDC123 数字控制器和直流功率放大器组成,其中功率放大器的作用在于功率放大、驱动和控制电动机。通常情况下,数字控制器与计算机相连,利用计算机软件控制并完成各种实验。

3. 测量系统

测量系统包括载荷测量、试样变形测量和活动横梁位移测量三部分。

1)载荷测量

载荷测量系统是通过负载传感器来完成的,本实验所用的传感器为应变式拉、压传感器,由于这种传感器以电阻应变片为敏感元件,并将被测物理量转换成电信号,因此便于实现测量数字化和自动化。应变式拉、压传感器有圆筒式、轮辐式等类型,本实验机采用的是轮辐式传感器。其构造与原理见电测部分。

2）试样变形测量

试样的伸长变形量是通过变形传感器来测量的。本实验所使用的变形传感器为应变式轴向引伸计。其外形、结构原理及测量电路见电测部分。

3）活动横梁位移测量

活动横梁相对于某一初始位置的位移量是借助丝杠的转动来实现的，滚珠丝杠转动时，装在滚珠丝杠上的光电编码传感器输出脉冲信号，经过转换测得活动横梁的位移量。

第3章 应变电测法

应变电测法是工程中用于测量构件或结构在静、动载荷作用下产生应变量大小的一种重要测试方法。此方法技术成熟可靠,测量时,将应变片用专用胶水牢固地粘贴在研究对象表面,组成桥路,如图3.1所示。此方法反映测点的应变量大小。

图3.1 电测法测量

3.1 电阻应变片

3.1.1 电阻应变片的结构和工作原理

1. 电阻应变片的结构

电阻应变片(简称应变片)是由很细的电阻丝绕成栅状(见图3.2(a))或用很薄的金属箔腐蚀成栅状(见图3.2(b)),并用胶水粘贴固定在两层绝缘薄片中制成的。应变片种类繁多、形式多样,但基本构造大体相同。现以丝绕式应变片为例说明。

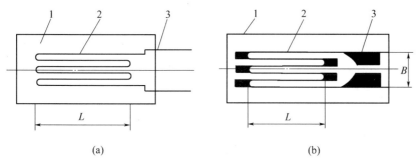

1—基底;2—电阻丝;3—引线

图3.2 电阻应变片的基本结构

43

丝绕式应变片的结构如图 3.2(a)所示,它以直径为 0.025mm 左右的高电阻率的合金电阻丝绕成形如栅栏的敏感栅。敏感栅为应变片的敏感元件,作用是敏感应变。敏感栅黏结在基底上,基底除能固定敏感栅外,还有绝缘作用,敏感栅上面粘贴有覆盖层,敏感栅电阻丝两端焊接引线,引线将和外接导线相连。

2. 电阻应变片的工作原理

电阻应变片的工作原理是,基于金属导体的应变效应,即金属导体在外力作用下发生机械变形时,其电阻值随着它的机械变形(伸长或缩短)而发生变化的现象。由欧姆定理可知,金属丝的电阻与其材料的电阻率及其几何尺寸(长度和截面积)有关,而金属丝在承受机械变形的过程中,这三者都要发生变化,因此引起金属丝的电阻变化。

由物理学可知,金属丝的电阻为

$$R = \rho \frac{L}{S} \tag{3.1}$$

式中:R 为金属丝的电阻(Ω);ρ 为金属丝的电阻率($\Omega \cdot m^2/m$);L 为金属丝的长度(m);S 为金属丝的截面积(m^2)。

取如图 3.3 所示的一段金属丝,当金属丝受拉而伸长 dL 时,其横截面积将相应减小 dS,电阻率则因金属晶格发生变形等因素的影响也将改变 $d\rho$,则金属丝电阻变化量 dR 为

$$dR = \frac{\rho}{S}dL - \frac{\rho L}{S^2}dS + \frac{L}{S}d\rho \tag{3.2}$$

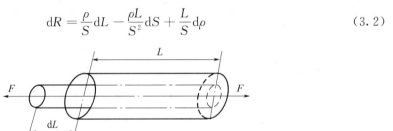

图 3.3 金属导体的电阻应变效应

以 R 除左式,以 $\rho L/S$ 除右式,得

$$\frac{dR}{R} = \frac{dL}{L} - \frac{dS}{S} + \frac{d\rho}{\rho} \tag{3.3}$$

设金属丝半径为 r,有

$$\frac{dS}{S} = 2\frac{dr}{r} \tag{3.4}$$

令 $\varepsilon_x = dL/L$ 为金属丝的轴向应变,$\varepsilon_y = dr/r$ 为金属丝的径向应变。金属丝受拉时,沿轴向伸长,沿径向缩短,二者之间的关系为

$$\varepsilon_y = -\mu \varepsilon_x \tag{3.5}$$

式中:μ 为金属材料的泊松系数。

将式(3.4)和式(3.5)代入式(3.3),得

$$\frac{dR}{R} = (1+2\mu)\varepsilon_x + \frac{d\rho}{\rho} \quad \text{或} \quad \frac{dR/R}{\varepsilon_x} = (1+2\mu) + \frac{d\rho/\rho}{\varepsilon_x} \tag{3.6}$$

令
$$K_S = \frac{\mathrm{d}R/R}{\varepsilon_x} = (1 + 2\mu) + \frac{\mathrm{d}\rho/\rho}{\varepsilon_x} \tag{3.7}$$

K_S 称为金属丝的灵敏系数,表征金属丝产生单位变形时,电阻相对变化的大小。显然,K_S 越大,单位变形引起的电阻相对变化越大。由式(3.7)可看出,金属丝的灵敏系数 K_S 受两个因素影响:第一项 $(1 + 2\mu)$ 是由于金属丝受拉伸后,几何尺寸发生变化而引起的;第二项 $\mathrm{d}\rho/\rho/\varepsilon_x$ 是由于材料发生变形时,其自由电子的活动能力和数量均发生了变化的缘故。由于 $\mathrm{d}\rho/\rho/\varepsilon_x$ 还不能用解析式来表示,所以 K_S 只能靠实验求得。实验证明,在弹性范围内,应变片电阻相对变化 $\mathrm{d}R/R$ 与应变 ε_x 成正比,K_S 为一常数,可表示为

$$\frac{\mathrm{d}R}{R} = K_S \varepsilon_x \tag{3.8}$$

应该指出,将直线金属丝做成敏感栅之后,电阻-应变特性与直线时不同,相关标准需重新进行实验测定。实验表明,应变片的 $\mathrm{d}R/R$ 与 ε_x 在很大范围内具有很好的线性关系,即

$$\frac{\mathrm{d}R}{R} = K\varepsilon_x \quad \text{或} \quad K = \frac{\mathrm{d}R/R}{\varepsilon_x} \tag{3.9}$$

式中:K 为电阻应变片的灵敏系数。

由于横向效应的影响,应变片的灵敏系数 K 恒小于同一材料金属丝的灵敏度系数 K_S。灵敏度系数是通过抽样测定得到的,一般每批产品中按一定比例(一般为 5%)的应变片测定灵敏系数 K 值,再取其平均值作为这批产品的灵敏系数,这就是产品包装盒上注明的"标称灵敏系数"。

用应变片测量应变或应力时,是将应变片粘贴于被测对象上的,在外力作用下,被测对象表面发生微小的机械变形,粘贴在其表面上的应变片也随其发生相同的变化,因此应变片的电阻也发生相应的变化,如用仪器测出应变片的电阻变化 $\mathrm{d}R$,则根据式(3.9)可得到被测对象的应变值 ε_x,而根据应力-应变关系可得到应力值

$$\sigma = E\varepsilon \tag{3.10}$$

式中:σ 为试件的应力;ε 为试件的应变。

3.1.2 电阻应变片的种类、材料和参数

1. 电阻应变片的种类

电阻应变片的种类繁多,分类方法各异。

1)按敏感栅形状分类

按敏感栅形状分为单轴应变片、平行多轴应变片、同轴多栅应变片、二轴 90° 应变片、三轴 45° 应变片、三轴 60° 应变片、三轴 120° 应变片等。

2)按应变片工作温度分类

$$
按工作温度分
\begin{cases}
常温应变片(-30 \sim 60℃) \\
中温应变片(60 \sim 350℃) \\
高温应变片(350℃以上) \\
低温应变片(-30℃以下)
\end{cases}
$$

3) 按敏感栅材料分类

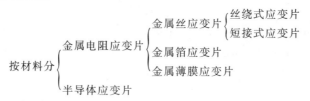

4) 几种特殊的应变片

为了适应工程实际和某些力学实验的需求，还有一些特殊形状的应变片，主要有以下几种形式。

（1）裂纹扩展应变片。裂纹扩展应变片敏感栅是由平行栅条组成的。用于断裂力学实验时，检测构件在载荷作用下裂纹扩展的过程及扩展的速率。实验时粘贴在构件裂纹尖端处，随着裂纹的扩展，栅条依次被拉断，应变片的电阻逐级增加。根据事先做出的断裂顺序与电阻变化曲线，可推断裂纹的扩展情况。根据各栅条断裂的时间，即可计算出裂纹的扩展速率。

（2）疲劳寿命应变片。疲劳寿命应变片是将经过退火处理的康铜箔制成的敏感栅夹置于两片浸过环氧树脂的玻璃纤维布中间形成的。当应变片粘贴在承受交变载荷的构件上时，应变片丝栅在交变载荷的作用下发生冷作硬化，而使电阻发生变化，电阻变化值与交变应力的大小、循环次数成比例，通常可用实验方法来建立经验公式。使用时可由电阻变化来推算交变应变的大小及循环次数，从而预测构件的疲劳寿命。

（3）大应变量应变片。用于测量 5%～20% 大应变或超弹性范围应变。为避免丝栅与粗引线间的应力集中，中间采用细引线过渡。箔式应变片的引线应弯成弧形，然后再焊接，敏感栅由经过获得大变形及退火处理的康铜制成，基底可用浸过增塑剂的纸（应变 5%～12%）或聚酰亚胺（应变 20%）制成，黏结剂可用环氧树脂、聚氨酯填加增塑剂制成。这种应变片受压时敏感栅会发生轴向屈曲，故承受的拉应变远大于压应变。因此，当用于交变应变测量时，测量范围不应超过允许的压应变界限。

（4）双层应变片。在进行薄壳、薄板应变的测量时，需要在壳和板的内、外表面对称贴片。而对于体积小或密封的结构，在内表面贴片几乎是无法进行的。双层应变片为解决这些问题提供了条件，在不太厚的塑料上、下表面粘贴应变片，并在应变片表面涂环氧树脂保护层。使用时将此双层应变片粘贴在被测构件的外表面，利用弯曲应变线性分布及轴向应变均匀分布特点，同时测出弯曲应变及轴向应变。

（5）防水应变片。在潮湿环境中或水下，特别是在高水压作用下，应采用防水应变片。常温短期水下应变测量可在箔式应变片表面涂防护层（如水下环氧树脂）。长期测量可用热塑方法将应变片夹在两块薄塑料板中间，或者采用防水、防霉、防腐蚀的特种胶材料作为应变片的基底和覆盖层，制成防水应变片。

（6）屏蔽式应变片。屏蔽式应变片的上、下两面均有由铜箔构成的屏蔽层，常用于电路变化幅值大的环境中的应变测量，如在电焊机旁或电气化机车轨道应变的测量。在强磁场中，若采用镍铬敏感材料，可减小磁致效应。

2. 电阻应变片的材料

1) 敏感栅材料

制造应变片时，对敏感栅材料的要求：①灵敏系数 K_s 和电阻率 ρ 要尽可能高且稳定,电阻变化率 $\Delta R/R$ 与机械应变 ε 之间应具有良好而宽广的线性关系,即要求 K_s 在很大范围内为常数;②电阻温度系数小,电阻-温度间的线性关系和重复性好;③机械强度高,碾压及焊接性能好,与其他金属之间接触热电势小;④抗氧化、耐腐蚀性能强,无明显机械滞后。敏感栅常用的材料有康铜、镍铬合金、铁铬铝合金、铁镍铬合金、贵金属(铂、铂钨合金等)材料等。

2)应变片基底材料

应变片基底材料有纸和聚合物两大类。因胶基性能各方面都好于纸基,纸基逐渐被胶基取代。胶基是由环氧树脂、酚醛树脂和聚酰亚胺等制成的胶膜,厚度为 0.03～0.05mm。基底材料性能有如下要求:①机械强度好,挠性好;②粘贴性能好;③绝缘性能好;④热稳定性和抗湿性好;⑤无滞后和蠕变。

3)引线材料

康铜丝敏感栅应变片,引线采用直径为 0.05～0.18mm 的银铜丝,采用点焊焊接。其他类型敏感栅多采用直径与上述相同的铬镍、铁铬铝金属丝作为引线,与敏感栅点焊相接。

3. 电阻应变片的主要参数

1)应变片的尺寸

如图 3.2 所示,顺着应变片轴向敏感栅两端转向处之间的距离称为标距 L,电阻丝式的一般为 5～180mm,箔式的一般为 0.3～180mm。敏感栅的横向尺寸称为栅宽,以 B 表示。小栅长的应变片对制造要求高,对粘贴的要求也高,且应变片的蠕变、滞后及横向效应也大。因此应尽量选栅长大一些的应变片,应变片的栅宽也以小一些的为好。

2)应变片的电阻值

应变片的电阻值是指应变片在没有安装且不受力的情况下,在室温时测定的电阻值。应变片的标准名义电阻值通常有 60Ω、120Ω、350Ω、500Ω、1000Ω 五种,使用最多的为 120Ω 和 350Ω 两种。应变片在相同的工作电流下,电阻值越大,允许的工作电压也越大,可提高测量灵敏度。

3)机械滞后

对于已安装的应变片,在恒定的温度环境下,加载和卸载过程中同一载荷下指示应变的最大差数称为机械滞后。造成此现象的原因很多,如应变片本身特性不好、试件本身的材质不好、黏结剂选择不当、固化不良、黏结技术不佳、部分脱落和黏结层太厚等。在测量过程中,为了减小应变片的机械滞后给测量结果带来的误差,可对新粘贴应变片的试件反复加载、卸载 3～5 次。

4)热滞后

对于已安装的应变片试件,可自由膨胀而并不受外力作用,在室温与极限工作温度之间升高或降低温度,同一温度下指示应变的差数称为热滞后。这主要由黏结层的残余应力、干燥程度、固化速度和屈服点变化等引起。应变片粘贴后进行"二次固化处理"可使热滞后值减小。

5)零点漂移

对于已安装的应变片,在温度恒定、试件不受力的条件下,指示应变随时间的变化称为零点漂移(简称零漂)。这是由应变片的绝缘电阻过低及通过电流而产生热量等原因造成的。

6）蠕变

对于已安装的应变片,在温度恒定并承受恒定的机械应变时,指示应变随时间的变化称为蠕变。这主要是由胶层引起的,如黏结剂种类选择不当、黏结层较厚或固化不充分及在黏结剂接近软化温度下进行测量等。

7）应变极限

温度不变时使试件的应变逐渐加大,应变片的指示应变与真实应变的相对误差(非线性误差)小于规定值(一般为 10%)的情况下所能达到的最大应变值为该应变片的应变极限。

8）绝缘电阻

应变片引线和安装应变片的试件之间的电阻值称为绝缘电阻。此值常作为衡量应变片黏结层固化程度和是否受潮的标志。绝缘电阻下降会带来零漂和测量误差,尤其是不稳定绝缘电阻会导致测试失败。

9）疲劳寿命

对于已安装的应变片,在一定的交变机械应变幅值下,可连续工作而不致产生疲劳损坏的循环次数称为疲劳寿命。疲劳寿命的循环次数与动载荷的特性及大小有密切的关系。一般情况下循环次数可达 $10^6 \sim 10^7$ 次。

10）最大工作电流

允许通过应变片而不影响其工作特性的最大电流值称为最大工作电流。该电流和外界条件有关,一般为几十毫安,箔式应变片有的可达 500mA。流过应变片的电流过大,会使应变片发热,引起较大的零漂,甚至将应变片烧毁。静态测量时,为提高测量精度,流过应变片的电流要小一些;短期动态测量时,为增大输出功率,电流可大一些。

3.1.3 电阻应变片的粘贴

1. 黏结剂

在应变测量时,黏结剂所形成的胶层起着非常重要的作用,应准确无误地将试件或弹性元件的应变传递到应变片的敏感栅上去。

对黏结剂有如下要求:①有一定的黏结强度;②能准确传递应变;③蠕变小;④机械滞后小;⑤耐疲劳性能好、韧性好;⑥长期稳定性好;⑦具有足够的稳定性能;⑧对弹性元件和应变片不产生化学腐蚀作用;⑨有适当的储存期;⑩有较大的使用温度范围。选用黏结剂时要根据应变片的工作条件、工作温度、潮湿程度、有无化学腐蚀、稳定性要求,以及加温加压、固化的可能性和黏结时间长短要求等因素考虑,并注意黏结剂的种类是否与应变片基底材料相适应。

2. 应变片粘贴工艺

应变测试中,应变片的粘贴是极为重要的一个技术环节。应变片的粘贴质量直接影响测试数据的稳定性和测试结果的准确性。质量优良的电阻应变片和黏结剂,只有在正确的粘贴工艺基础上才能得到良好的测试结果。

1）应变片的筛选

应变片的外观检查,要求其基底、覆盖层无破损折曲;敏感栅平直、排列整齐;无锈斑、霉点、气泡;引线焊接牢固。可在放大镜下检查,不至于遗漏微小的毛病。

应变片阻值与绝缘电阻的检查,用万用电表检查应变片的初始电阻值,同一测区的应变片阻值之差的范围应小于±0.5Ω,剔除短路、断路的应变片。

2)测点表面处理和测点定位

为了使应变片牢固地粘贴在构件表面,需对测点表面进行处理。测点表面处理方法:在测点范围内的试件表面上,用机械方法,粗砂纸打磨,除去氧化层、锈斑、涂层、油污,使其平整光洁;再用细砂纸沿应变片轴线方向成45°角打磨,以保证应变片受力均匀;然后,用脱脂棉球蘸丙酮或酒精沿同一方向清洗贴片处,直至棉球上看不见污迹为止。构件表面处理的面积应大于电阻应变片的面积。

测点定位,用划针或铅笔在测点处画出纵横中心线,纵线方向应与应变方向一致。

3)应变片粘贴

应变片粘贴,即将电阻应变片准确、可靠地粘贴在试件的测点上。分别在构件预贴应变片处及电阻应变片底面涂上一薄层胶水(如502瞬时胶),将应变片准确地贴在预定的画线部位上,垫上玻璃纸,以防胶水糊在手指上,然后用拇指沿同一方向轻轻滚压,挤去多余胶水和胶层的气泡,用手指按住应变片1~2min,待胶水初步固化后,即可松手。粘贴好的应变片应位置准确;胶层薄而均匀,密实而无气泡。对室温固化黏结剂完成上述工序后,即可自然干燥固化,一般时间为24h,用502胶水黏结时,采用自然干燥固化。有时为促进固化,提高黏结强度,可在贴好的应变片上垫海绵后用重物压住;为了加快胶层硬化速度,可以用紫外线灯光烘烤。

4)导线焊接与固定

导线是将应变片的感受信息传递给测试仪表的过渡线,其一端与应变片的引线相连,另一端与测试仪表(如电阻应变仪)相连。应变片的引线很细,且引线与应变片电阻丝的连接强度较低,容易被拉断。所以,导线与应变片之间通过接线端子连接,如图3.4所示。接线端子粘贴在测量导线及应变片端头,不应有间距。将应变片引线焊接到接线端子的一端,然后将接线端子的另一端与测量导线焊接。所有连接必须用锡焊焊接,以保证测试线路导电性能良好,焊点要小而牢固,防止烧坏应变片或虚焊。引线至测量仪器间的导线规格、长度应一致,排列要整齐,分段固定。导线可使用医用胶布、704胶或橡皮泥等固定。

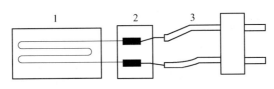

1—应变片;2—接线端子;3—测量导线

图3.4 导线的焊接与固定

5)应变片粘贴质量检查。

用放大镜观察黏结层是否有气泡,整个应变片是否全部粘贴牢固,有无造成短路、断路等。检查应变片粘贴的位置是否正确,其中线是否与测点预定方向重合。用万用电表检查应变片的电阻值,一般粘贴前后不应有大的变化。若发生明显变化,则应检查焊点质量或是否断线。应变片与试件之间的绝缘电阻应大于 $200\mathrm{M}\Omega$。

6）应变片的防护处理

为了防止应变片受机械损伤或受外界的水、蒸汽等介质的影响，应变片需加以保护，短期防护可用烙铁熔化石蜡覆盖应变片区域，长期防护可涂上一层保护胶，如 704 胶、环氧等，704 胶可以防潮，环氧可以抵抗机械力。根据实验条件和要求采取相应的防护措施。

3.2 测量电桥的特性及应用

3.2.1 测量电桥的基本特性和温度补偿

构件表面的应变测量主要使用应变电测法，即将电阻应变片粘贴在构件表面，由电阻应变片将构件应变转换成电阻应变片的电阻变化，而应变片所产生的电阻变化是很微小的，通常用惠斯通电桥方法来测量。惠斯通电桥是由应变片作为桥臂而组成的桥路，作用是将应变片的电阻变化转化为电压或电流信号，从而得到构件表面的应变。在测量时，将应变片粘贴在各种弹性元件上，组成电桥，并利用电桥的特性来提高读数应变的数值，或从复杂的受力构件中测出某一内力分量（如轴力、弯矩等）。利用电桥的基本特性正确地组成测量电桥。

1. 测量电桥的基本特性

如图 3.5 所示。电阻 R_1、R_2、R_3 和 R_4 构成电桥的四个桥臂。在对角节点 AC 上接上电桥工作电压 U，另一对角点 BD 为电桥输出端，输出端电压 U_{BD}。当四个桥臂上电阻值满足一定关系时，电桥输出电压为零，此时，称电桥平衡。由电工原理可知，电桥的平衡条件为

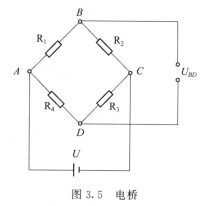

图 3.5　电桥

$$R_1 R_3 = R_2 R_4 \tag{3.11}$$

若电桥的四个桥臂为粘贴在构件上的四个应变片，其初始电阻都相等，即 $R_1 = R_2 = R_3 = R_4$。构件受力前，电桥保持平衡，即 $U_{BD} = 0$。构件受力后，应变片各自受到应变后分别有微小电阻变化 ΔR_1、ΔR_2、ΔR_3 和 ΔR_4。这时，电桥的输出电压将有增量 ΔU_{BD}，即

$$\Delta U_{BD} = \frac{U}{4}\left(\frac{\Delta R_1}{R_1} - \frac{\Delta R_2}{R_2} + \frac{\Delta R_3}{R_3} - \frac{\Delta R_4}{R_4}\right)$$

若四个电阻应变片的灵敏系数 K 都相同，则

$$\Delta U_{BD} = \frac{K \cdot U}{4}(\varepsilon_1 - \varepsilon_2 + \varepsilon_3 - \varepsilon_4)$$

上式表明，应变片感受到的应变通过电桥可以线性转变为电压（或电流）信号，将此信号进一步放大、处理就可用应变仪的应变读数 ε_d 表示出来。即

$$\varepsilon_d = \varepsilon_1 - \varepsilon_2 + \varepsilon_3 - \varepsilon_4 \tag{3.12}$$

由式(3.12)可见,电桥有下列特性。

(1) 两相邻桥臂上应变片的应变相减。即应变同号时,输出应变为两相邻桥臂应变之差;异号时为两相邻桥臂应变之和。

(2) 两相对桥臂上应变片的应变相加。即应变同号时,输出应变为两相对桥臂应变之和;异号时为两相对桥臂应变之差。

应变仪的输出应变实际上就是读数应变,所以合理地、巧妙地利用电桥特性,可以增大读数应变,并且可测出复杂受力杆件中的内力分量。

2. 温度的影响与补偿

在测量时,被测构件和所粘贴的应变片的工作环境是具有一定温度的。当温度发生变化时,应变片将产生热输出 ε_t,热输出 ε_t 中不包含结构因受载而产生的应变,即使结构处在不承载且无约束状态,ε_t 仍然存在。因此,当结构承受载荷时,这个应变就会与由载荷作用而产生的应变叠加在一起输出,使测量到的输出应变中包含了因环境温度变化而引起的应变 ε_t,因此必然对测量结果产生影响。

温度引起的应变 ε_t 的大小可以与构件的实际应变相当,因此,在应变片电测中,必须消除应变 ε_t,以排除温度的影响,这是一个十分重要的问题。

测量应变片既传递被测构件的机械应变,又传递环境温度变化引起的应变。根据式(3.12),如果将两个应变片接入电桥的相邻桥臂,或将四个应变片分别接入电桥的四个桥臂,只要每一个应变片的 ε_t 相等,即要求应变片相同,被测构件材料相同,所处温度场相同,则电桥输出中就消除了 ε_t 的影响。这就是桥路补偿法,或称为温度补偿片法。桥路补偿法可分为以下两种。

1) 补偿块补偿法

此方法是准备一个其材料与被测构件相同但不受外力的补偿块,并将它置于构件被测点附近,使补偿片与工作片处于同一温度场中,如图 3.6(a)所示。在构件被测点处粘贴电阻应变片 R_1,称工作应变片(简称工作片),接入电桥的 AB 桥臂,另外在补偿块上粘贴一个与工作应变片规格相同的电阻应变片 R_2,称温度补偿应变片(简称补偿片),接入电桥的 BC 桥臂,在电桥的 AD 和 CD 桥臂上接入固定电阻,组成等臂电桥,如图 3.6(b)所示。这样,根据电桥的基本特性式(3.12),在测量结果中便消除了温度的影响。

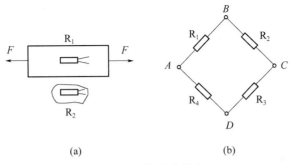

(a)　　　　　　　(b)

图 3.6　补偿块补偿法

2) 工作片补偿法

在同一被测试件上粘贴几个工作应变片,将它们适当地接入电桥中(如相邻桥臂)。当试件受力且测点环境温度变化时,每个应变片的应变中都包含外力和温度变化引起的应变,根据电桥基本特性式(3.12),在应变仪的读数应变中能消除温度变化所引起的应变,从而得到所需测量的应变,这种方法称工作片补偿法。在该方法中,工作应变片既参加工作,又起到了温度补偿的作用。

如果在同一试件上能找到温度相同的几个贴片位置,而且它们的应变关系又已知,就可采用工作片补偿法进行温度补偿。

3.2.2　电阻应变片在电桥中的接线方法

应变片在测量电桥中有各种接法。实际测量时,根据电桥基本特性和不同的使用情况,采用不同的接线方法,以达到以下目的:①实现温度补偿;②从复杂的变形中测出所需要的某一应变分量;③增大应变仪的读数,减少读数误差,提高测量精度。为了达到上述目的,需要充分利用电桥的基本特性,精心设计应变片在电桥中的接法。

在测量电桥中,根据不同的使用情况,各桥臂的电阻可以部分或全部是应变片。测量时,应变片在电桥中常采用以下两种接线方法。

1. 半桥接线法

若在测量电桥的桥臂 AB 和 BC 上接电阻应变片,而另外两臂 AD 和 CD 上接电阻应变仪的内部固定电阻值,则称为半桥接线法(或半桥线路)。

对于等臂电桥 $R_1 = R_2 = R_3 = R_4$,实际测量时,有以下两种情况。

1) 半桥测量

半桥测量接法如图 3.7 所示,电桥的两个桥臂 AB 和 BC 上均接工作应变片 R_1 和 R_2,工作应变片感受构件变形引起的应变分别为 $\varepsilon^{(1)}$ 和 $\varepsilon^{(2)}$,感受温度引起的应变均为 ε_t, $\varepsilon_1 = \varepsilon^{(1)} + \varepsilon_t$,$\varepsilon_2 = \varepsilon^{(2)} + \varepsilon_t$,另外两臂 AD 和 CD 接固定电阻,由于固定电阻因温度和工作环境的变化产生的电阻变化很小且相等,即 $\Delta R_3 = \Delta R_4$,因此 $\varepsilon_3 = \varepsilon_4$,根据式(3.12),应变仪的读数应变为

$$\varepsilon_d = \varepsilon^{(1)} - \varepsilon^{(2)} \tag{3.13}$$

2) 单臂测量

单臂测量接法如图 3.8 所示,R_1 为工作应变片,R_2 为温度补偿应变片,R_3 和 R_4 为电阻应变仪的内部固定电阻。工作应变片感受构件变形引起的应变为 $\varepsilon^{(1)}$,感受温度引起的应变为 ε_t,温度补偿应变片感受温度引起的应变也为 ε_t,即 $\varepsilon_1 = \varepsilon^{(1)} + \varepsilon_t$,$\varepsilon_2 = \varepsilon_t$。根据式(3.12)可得应变仪的读数应变为

$$\varepsilon_d = \varepsilon^{(1)} \tag{3.14}$$

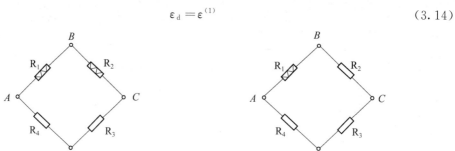

图 3.7　半桥测量接法　　　　　　　图 3.8　单臂测量接法

2. 全桥接线法

在测量电桥的四个桥臂上全部接电阻应变片,称为全桥接线法(或全桥线路)。对于等臂电桥,实际测量时,有以下两种情况。

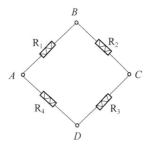

图 3.9　全桥接线法

1) 全桥测量

测量电桥的四个桥臂上都接工作应变片,如图 3.9 所示。工作应变片感受应变分别为 $\varepsilon^{(1)}$、$\varepsilon^{(2)}$、$\varepsilon^{(3)}$、$\varepsilon^{(4)}$,各工作应变片感受温度引起的应变均为 ε_t,即 $\varepsilon_1 = \varepsilon^{(1)} + \varepsilon_t$,$\varepsilon_2 = \varepsilon^{(2)} + \varepsilon_t$,$\varepsilon_3 = \varepsilon^{(3)} + \varepsilon_t$,$\varepsilon_4 = \varepsilon^{(4)} + \varepsilon_t$。根据式(3.12),应变仪的读数应变为

$$\varepsilon_d = \varepsilon^{(1)} - \varepsilon^{(2)} + \varepsilon^{(3)} - \varepsilon^{(4)} \tag{3.15}$$

2) 对臂测量

电桥相对两臂接工作应变片,另相对两臂接温度补偿应变片。设工作应变片感受构件变形引起的应变分别为 $\varepsilon^{(1)}$ 和 $\varepsilon^{(3)}$,感受温度引起的应变为 ε_t,温度补偿应变片感受温度引起的应变也为 ε_t。即 $\varepsilon_1 = \varepsilon^{(1)} + \varepsilon_t$,$\varepsilon_2 = \varepsilon_t$,$\varepsilon_3 = \varepsilon^{(3)} + \varepsilon_t$,$\varepsilon_4 = \varepsilon_t$,根据式(3.12),应变仪的读数应变为

$$\varepsilon_d = \varepsilon^{(1)} + \varepsilon^{(3)} \tag{3.16}$$

3.2.3　应力与应变测量

电阻应变测量法是实验应力分析中应用最广的一种方法。电阻应变测量法测出的是构件上某一点处的应变,还需通过换算才能得到应力。根据不同的应力状态确定应变片贴片方位,有不同的换算公式。

1. 单向应力状态

在杆件受到拉伸(或压缩)的情况下,如图 3.10 所示,此时只有一个主应力 σ_1,它的方向是平行于外加载荷 F 的方向,所以这个主应力 σ_1 的方向是已知的,该方向的应变为 ε_1。而垂直于主应力 σ_1 方向上的应力虽然为零,但该方向的应变 $\varepsilon_2 \neq 0$,而是 $\varepsilon_2 = -\mu \varepsilon_1$。由此可知,在单向应力状态下,只要知道应力 σ_1 的方向,虽然 σ_1 的大小是未知的,可在沿主应力 σ_1 的方向上贴一个应变片,通过测得 ε_1,就可利用 $\sigma_1 = E \varepsilon_1$ 求得 σ_1。

2. 主应力方向已知的平面应力状态

平面应力是指构件内的一个点在两个互相垂直的方向上受到拉伸(或压缩)作用而产生的应力状态,如图 3.11 所示。

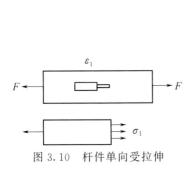

图 3.10　杆件单向受拉伸

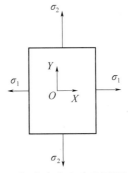

图 3.11　已知主应力方向的平面应力状态

图 3.11 中,单元体受已知方向的平面应力 σ_1 和 σ_2 作用,在 X 和 Y 方向的应变分别为

$$\sigma_1 \text{ 作用:} X \text{ 方向的应变 } \varepsilon_1 \text{ 为 } \sigma_1/E$$
$$Y \text{ 方向的应变 } \varepsilon_2 \text{ 为 } -\mu\sigma_1/E$$
$$\sigma_2 \text{ 作用:} Y \text{ 方向的应变 } \varepsilon_2 \text{ 为 } \sigma_2/E$$
$$X \text{ 方向的应变 } \varepsilon_1 \text{ 为 } -\mu\sigma_2/E$$

由此可得 X 方向的应变和 Y 方向的应变分别为

$$\begin{cases} \varepsilon_1 = \dfrac{\sigma_1}{E} - \mu\dfrac{\sigma_2}{E} = \dfrac{1}{E}(\sigma_1 - \mu\sigma_2) \\[3mm] \varepsilon_2 = \dfrac{\sigma_2}{E} - \mu\dfrac{\sigma_1}{E} = \dfrac{1}{E}(\sigma_2 - \mu\sigma_1) \end{cases} \tag{3.17}$$

将式(3.17)变换形式,得

$$\begin{cases} \sigma_1 = \dfrac{E}{1-\mu^2}(\varepsilon_1 - \mu\varepsilon_2) \\[3mm] \sigma_2 = \dfrac{E}{1-\mu^2}(\varepsilon_2 - \mu\varepsilon_1) \end{cases} \tag{3.18}$$

由此可知,在平面应力状态下,若已知主应力 σ_1 或 σ_2 的方向(σ_1 与 σ_2 相互垂直),则只要沿 σ_1 和 σ_2 方向各贴一片应变片,测得 ε_1 和 ε_2 后代入式(3.18),即可求得 σ_1 和 σ_2 的值。

3. 主应力方向未知的平面应力状态

当平面应力的主应力 σ_1 和 σ_2 的大小及方向都未知时,需对一个测点贴三个不同方向的应变片,测出三个方向的应变,才能确定主应力 σ_1 和 σ_2 及主方向角 θ 三个未知量。

图 3.12 所示为边长是 x 和 y、对角线长为 l 的矩形单元体。设在平面应力状态下,与主应力方向成 θ 角的任一方向的应变为 ε'_θ,即图中对角线长度 l 的相对变化量。

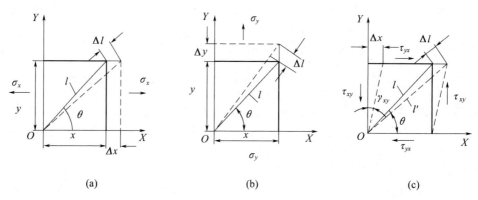

(a)　　　　　　　　　(b)　　　　　　　　　(c)

图 3.12　在 σ_x、σ_y 和 τ_{xy} 作用下单元体的应变

由于主应力 σ_x、σ_y 的作用,该单元体在 X、Y 方向的伸长量为 Δx、Δy,如图 3.12(a)、(b)所示,该方向的应变为 $\varepsilon_x = \Delta x/x$、$\varepsilon_y = \Delta y/y$;在切应力 τ_{xy} 的作用下,使原直角 $\angle XOY$ 减小 γ_{xy},如图 3.12(c)所示,即切应变 $\gamma_{xy} = \Delta x/y$。这三个变形引起单元体对角线长度 l 的变化分别为 $\Delta x\cos\theta$、$\Delta y\sin\theta$、$y\gamma_{xy}\cos\theta$,其应变分别为 $\varepsilon_x\cos^2\theta$、$\varepsilon_y\sin^2\theta$、$\gamma_{xy}\sin\theta\cos\theta$。当 ε_x、ε_y、γ_{xy} 同时发生时,对角线的总应变为上述三者之和,可表示为

$$\varepsilon_\theta = \varepsilon_x \cos^2\theta + \varepsilon_y \sin^2\theta + \gamma_{xy} \sin\theta\cos\theta \tag{3.19}$$

利用半角公式变换后,式(3.19)可写成

$$\varepsilon_\theta = \frac{\varepsilon_x + \varepsilon_y}{2} + \frac{\varepsilon_x - \varepsilon_y}{2}\cos2\theta + \frac{\gamma_{xy}}{2}\sin2\theta \tag{3.20}$$

由式(3.20)可知 ε_θ 与 ε_x、ε_y、γ_{xy} 之间的关系。因 ε_x、ε_y、γ_{xy} 未知,则实际测量时可任选与 X 轴成 θ_1、θ_2、θ_3 三个角的方向,各贴一个应变片,测得 ε_1、ε_2、ε_3,连同三个角度代入式(3.20)中,得

$$\begin{cases} \varepsilon_1 = \dfrac{\varepsilon_x + \varepsilon_y}{2} + \dfrac{\varepsilon_x - \varepsilon_y}{2}\cos2\theta_1 + \dfrac{\gamma_{xy}}{2}\sin2\theta_1 \\[2mm] \varepsilon_2 = \dfrac{\varepsilon_x + \varepsilon_y}{2} + \dfrac{\varepsilon_x - \varepsilon_y}{2}\cos2\theta_2 + \dfrac{\gamma_{xy}}{2}\sin2\theta_2 \\[2mm] \varepsilon_3 = \dfrac{\varepsilon_x + \varepsilon_y}{2} + \dfrac{\varepsilon_x - \varepsilon_y}{2}\cos2\theta_3 + \dfrac{\gamma_{xy}}{2}\sin2\theta_3 \end{cases} \tag{3.21}$$

由式(3.21)联立方程就可解出 ε_x、ε_y、γ_{xy}。再由 ε_x、ε_y、γ_{xy} 可求出主应变 ε_1、ε_2 和主方向与 X 轴的夹角 θ,即

$$\varepsilon_1 = \frac{\varepsilon_x + \varepsilon_y}{2} + \frac{1}{2}\sqrt{(\varepsilon_x - \varepsilon_y)^2 + \gamma_{xy}^2}$$

$$\varepsilon_2 = \frac{\varepsilon_x + \varepsilon_y}{2} - \frac{1}{2}\sqrt{(\varepsilon_x - \varepsilon_y)^2 + \gamma_{xy}^2}$$

$$\theta = \frac{1}{2}\arctan\frac{\gamma_{xy}}{\varepsilon_x - \varepsilon_y} \tag{3.22}$$

将式(3.22)中主应变 ε_1 和 ε_2 代入式(3.18)中,即可求得主应力。

在实际测量中,为简化计算,三个应变片与 X 轴的夹角 θ_1、θ_2、θ_3 总是选取特殊角,如 $0°$、$45°$和 $90°$或 $0°$、$60°$和 $120°$角,并将三个应变片的丝栅制在同一个基底上,形成应变花。图 3.13 所示是丝式应变花。

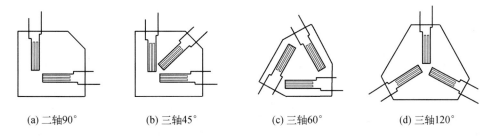

(a) 二轴90°　　　(b) 三轴45°　　　(c) 三轴60°　　　(d) 三轴120°

图 3.13　丝式应变花

设应变花与 X 轴夹角为 $\theta_1 = 0°$、$\theta_2 = 45°$、$\theta_3 = 90°$,将此 θ_1、θ_2、θ_3 值分别代入式(3.21),得

$$\begin{cases} \varepsilon_0 = \dfrac{1}{2}(\varepsilon_x + \varepsilon_y) + \dfrac{1}{2}(\varepsilon_x - \varepsilon_y) = \varepsilon_x \\[2mm] \varepsilon_{45} = \dfrac{1}{2}(\varepsilon_x + \varepsilon_y) + \dfrac{1}{2}\gamma_{xy} \\[2mm] \varepsilon_{90} = \dfrac{1}{2}(\varepsilon_x + \varepsilon_y) - \dfrac{1}{2}(\varepsilon_x - \varepsilon_y) = \varepsilon_y \end{cases} \tag{3.23}$$

由式(3.23),得

$$\varepsilon_x = \varepsilon_0 \quad \varepsilon_y = \varepsilon_{90}$$
$$\gamma_{xy} = 2\varepsilon_{45} - (\varepsilon_0 + \varepsilon_{90}) \tag{3.24}$$

将式(3.24)代入式(3.22)得

$$\binom{\varepsilon_1}{\varepsilon_2} = \frac{\varepsilon_0 + \varepsilon_{90}}{2} \pm \frac{\sqrt{2}}{2} \sqrt{(\varepsilon_0 - \varepsilon_{45})^2 + (\varepsilon_{45} - \varepsilon_{90})^2} \tag{3.25}$$

$$\theta = \frac{1}{2} \arctan \frac{2\varepsilon_{45} - \varepsilon_0 - \varepsilon_{90}}{\varepsilon_0 - \varepsilon_{90}} \tag{3.26}$$

将式(3.25)代入式(3.18),得应力计算公式为

$$\binom{\sigma_1}{\sigma_2} = \frac{E}{2} \left[\frac{\varepsilon_0 + \varepsilon_{90}}{1-\mu} (\pm) \frac{\sqrt{2}}{1+\mu} \sqrt{(\varepsilon_0 - \varepsilon_{45})^2 + (\varepsilon_{45} - \varepsilon_{90})^2} \right] \tag{3.27}$$

对 $\theta_1 = 0°$、$\theta_2 = 60°$、$\theta_3 = 120°$ 的应变花,主应变 ε_1、ε_2 和主应变方向角 θ 及主应力 σ_1 和 σ_2 的计算公式为

$$\binom{\varepsilon_1}{\varepsilon_2} = \frac{1}{3} (\varepsilon_0 + \varepsilon_{60} + \varepsilon_{120})(\pm) \frac{\sqrt{2}}{3} \sqrt{(\varepsilon_0 - \varepsilon_{60})^2 + (\varepsilon_{60} - \varepsilon_{120})^2 + (\varepsilon_{120} - \varepsilon_0)^2}$$

$$\tag{3.28}$$

$$\theta = \frac{1}{2} \arctan \frac{\sqrt{3}(\varepsilon_{60} - \varepsilon_{120})}{2\varepsilon_0 - \varepsilon_{60} - \varepsilon_{120}} \tag{3.29}$$

$$\binom{\sigma_1}{\sigma_2} = \frac{E}{3} \left[\frac{\varepsilon_0 + \varepsilon_{60} + \varepsilon_{120}}{1-\mu} (\pm) \frac{\sqrt{2}}{1+\mu} \sqrt{(\varepsilon_0 - \varepsilon_{60})^2 + (\varepsilon_{60} - \varepsilon_{120})^2 + (\varepsilon_{120} - \varepsilon_0)^2} \right]$$

$$\tag{3.30}$$

其他形式应变花的计算公式可查阅有关文献。

3.3 电阻应变式传感器

3.3.1 电阻应变式传感器基本原理

电阻应变片除直接用来测量物体表面的应变外,还广泛作为敏感元件制成各种传感器用于测量各种力学量,如力、位移、压力、加速度等。这类传感器称作应变式力学量传感器。应变式力学量传感器通常由三部分构成:弹性元件、应变片和外壳。弹性元件在感受被测物理量时,产生与之成正比的应变;应变片则将上述应变转换为电阻变化,由二次仪表测量和显示这种电阻的变化。外壳的作用是保护弹性元件与应变片,使之正常工作,同时兼有便于安装、使用的功能。

根据测量值的不同,电阻应变式传感器有多种类型。下面主要介绍电阻应变柱式力传感器。

3.3.2 电阻应变柱式力传感器

柱式力传感器的弹性元件可制成实心柱体或空心圆筒。实心柱体结构常用于荷重传感器;空心圆筒结构两端多为螺纹连接,既可以测量压力又可测量拉力。两种传感器的应

变片用同样的方式粘贴在弹性元件的侧表面上,如图 3.14 所示,在被测外力 F 的作用下,弹性元件发生变形,用应变片测量应变的方法即可达到测量力的目的。

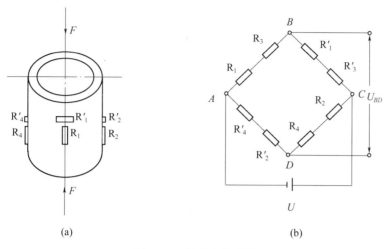

图 3.14　柱式力传感器

实际应用中,被测力 F 作用线相对于弹性元件轴线不可避免地会有偏心或倾斜,而且,每次测量时的偏心或倾斜总是随机的,必然会引起测量误差。因此采用适当的结构设计、合理布置应受片的位置及接桥方式以减小上述误差是十分必要的。

下面说明应变片粘贴位置和桥路的连接方式。应变片应对称地粘贴在弹性元件应变分布均匀的区段,即远离两端的中间区段,如图 3.14(a)所示,对称地选择相互夹角为 90°的四条母线,在每一条母线上沿母线方向和垂直母线方向各粘贴一个电阻应变片,沿母线方向的应变片记为 $R_i(i=1,2,3,4)$,垂直母线方向的应变片记为 $R_i'(i=1,2,3,4)$,分别将相对的应变片 R_i 和 R_i' 串联,并组成图 3.14(b)所示的桥路。根据惠斯通电桥测试原理,电桥输出的总应变为

$$\varepsilon_t = \varepsilon_1 + \varepsilon_3 - \varepsilon_1' - \varepsilon_3' + \varepsilon_2 + \varepsilon_4 - \varepsilon_2' - \varepsilon_4' \tag{3.31}$$

注意到 $\varepsilon_i' = -\mu\varepsilon_i(i=1,2,3,4)$,电桥的总输出为

$$\varepsilon_t = \varepsilon_1 + \varepsilon_3 + \mu\varepsilon_1 + \mu\varepsilon_3 + \varepsilon_2 + \varepsilon_4 + \mu\varepsilon_2 + \mu\varepsilon_4$$
$$= (1+\mu)(\varepsilon_1 + \varepsilon_2 + \varepsilon_3 + \varepsilon_4) \tag{3.32}$$

式中:μ 为弹性元件材料的泊松比。

如果被测量的力 F 相对于弹性元件轴线发生偏心或倾斜,其横向分量和弯矩对于弹性元件的弯曲效应使相对的两个应变片(如 R_1、R_3 或 R_2、R_4)发生等量异号的电阻变化,从而应变也是等量异号的,此种影响将在式(3.31)中被消去,即电桥总输出中不含有偏心和倾斜的影响。因为八个应变片在同一温度环境中工作,每个应变片的温度变化应变是相同的,图 3.14(b)可实现全桥互连温度补偿,温度干扰也会被抵消。由式(3.32)可以看出,横向应变片的采用既可实现温度补偿,又可起到提高灵敏度的作用,将测量灵敏度提高为原来的 $(1+\mu)$ 倍。

3.3.3 传感器的标定

传感器的标定（又称率定）就是通过实验建立传感器输入量与输出量之间的关系。即求取传感器的输出特性曲线（又称标定曲线）。

标定的基本方法是利用标准设备产生已知的标准值（如已知的标准力、压力、位移等）作为输入量，输入到待标定的传感器中，得到传感器的输出量，然后将传感器的输出量与输入的标准量进行比较从而得到标定曲线。另外，也可以用一个标准测试系统，去测未知的被测物理量，再用待标定的传感器测量同一个被测物理量，然后把两个结果进行比较，得出传感器的标定曲线。

3.4 电阻应变仪

3.4.1 静态电阻应变仪介绍

静态电阻应变仪如图 3.15 所示，系统由数据采集箱、微型计算机及支持软件组成。可自动测量大型结构、模型及材料应力实验中的多点静态应变（应力）值。若配接适当的应变式传感器，也可对多点静态的力、位移、压力、扭矩、温度等物理量进行测量。

静态应变仪的使用方法如下。

（1）接通电源预热。

（2）根据实验目的接通桥路，完成全桥、半桥、1/4 桥（公用补偿片）的桥路连接。

（3）灵敏度系数的修正。

（4）实验测量前各通道的平衡。

图 3.15　静态电阻应变仪

3.4.2 动态电阻应变仪介绍

动态电阻应变仪如图 3.16 所示，系统包含动态信号测试系统所需的信号调理器（应变、振动等调理器）、直流电压放大器、低通滤波器、抗混滤波器、转换器，以及用于采样控制和计算机通信的软/硬件。

图 3.16　动态电阻应变仪

动态电阻应变仪的使用方法如下。

（1）接通电源预热。

（2）根据实验目的接通桥路，完成全桥、半桥的桥路连接。

（3）打开计算机，开启软件，选择通道序号、采样频率、采样方式等，输入灵敏度系数、电阻、接线方式等参数。

（4）测量前平衡、清零。

（5）户外测试等有干扰时需接地线。

第4章　振动与动应变测试

4.1　振动现象及其分类

物体在平衡位置所做的往复运动称机械振动,简称振动。振动物体偏离平衡位置后所受到的总是指向平衡位置的力称回复力。物体偏离平衡位置后必须受到回复力作用,这是做机械振动的必要条件。

振动的形式多种多样,往往从不同的角度描述机械系统的振动。按照机械系统的自由度,系统振动可分为单自由度系统振动和多自由度系统振动;按照振动过程中有无能量输入,可分为自由振动和受迫振动;按照振动过程是否考虑能量耗散,可分为无阻尼振动和有阻尼振动,其中无阻尼振动只是一个理想情况,工程中遇到的振动问题均为有阻尼的情况;按照在描述振动系统的微分方程中,振动和时间之间的微分关系是否为线性,可分为线性振动和非线性振动。

4.2　工程中振动研究的几个重要问题

4.2.1　振动的幅频特性与共振

当外界的干扰频率与结构的固有频率相一致时,结构将发生共振。这是振动分析中最为重要的问题之一。有时需要利用共振来工作,如机械振动筛、电磁式振动台、电磁式高频疲劳实验机均利用共振工作。但在绝大部分情况下,必须避免共振发生,如设计的建筑物的固有频率远离地震频率、桥梁的悬索采用智能阻尼器实时避免风的频率、智能机翼实时调整其固有频率来避免气流的频率等均是避免共振的实际工程实例。下面就单自由度有阻尼的强迫振动问题详细讨论共振产生的条件。

单自由度系统的力学模型如图 4.1 所示,在正弦激振力的作用下,系统做简谐强拍振动。设激振力 F 的幅值为 H、圆频率为 ω（频率 $f = \dfrac{\omega}{2\pi}$）,系统的运动微分方程式为

$$m\ddot{x} + c\dot{x} + kx = F$$

或
$$\ddot{x} + 2n\dot{x} + \omega_n^2 x = H\sin\omega t \tag{4.1}$$

式中:ω_n 为系统固有圆频率,$\omega_n^2 = k/m$;n 为阻尼系数,$2n = c/m$;F 为激振力,$F = H\sin\omega t = H\sin(2\pi ft)$;$H$ 为激振力幅值。

式(4.1)的特解,即强迫振动为

$$x = \frac{h}{\sqrt{(\omega_n^2 - \omega^2)^2 + 4n^2\omega^2}}\sin\left(\omega t - \arctan\left(\frac{2n\omega}{\omega_n^2 - \omega^2}\right)\right) \tag{4.2}$$

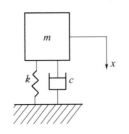

图 4.1　单自由度系统的力学模型

若令

$$b = \frac{h}{\sqrt{(\omega_n^2 - \omega^2)^2 + 4n^2\omega^2}} \qquad (4.3)$$

则该因数 b 表现了受迫振动的稳态振幅。可以看到受迫振动的振幅不仅与激振力的幅值有关,还与激振力的频率,以及振动系统的参数 m、k 和阻尼系数有关。在振动系统的参数不发生变化的条件下,为了清楚地表达受迫振动的振幅与其他因素的关系,可以在保持激振力幅值不变(保持激振信号源输出电流不变可基本达到此要求)的条件下,将不同的激振力的频率 f 与受迫振动系统的振幅 b 的关系(振幅与频率的关系)用曲线表现出来,称为幅频特性曲线,如图 4.2 所示。

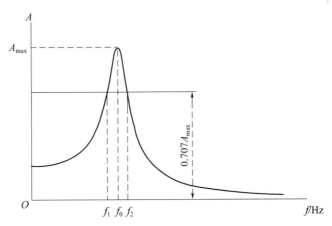

图 4.2　单自由度系统的幅频特性曲线

在振幅 b 达到极大值 $b_{max} = \dfrac{h/k}{2\zeta\sqrt{1-\zeta^2}} \approx \dfrac{h/k}{2\zeta}$ 时产生位移共振。此时的位移共振频率为

$$\omega = \omega_n\sqrt{\omega_n^2 - 2n^2} = \omega_n\sqrt{1 - 2\zeta^2}$$

设 $\omega_n = 2\pi f$,位移共振频率为 f_a,则

$$f_a = f_n\sqrt{1 - 2\zeta^2} \qquad (4.4)$$

但在实用上,阻尼往往比较小,故一般仍将固有频率 f_n 作为位移共振频率 f_a。在小阻尼情况下,可做如下推导。

将 $\omega_1 = (1-\zeta)\omega_n$ 和 $\omega_1 = (1+\zeta)\omega_n$ 分别代入式(4.3),注意到 $n = \zeta\omega_n$,考虑到 $\zeta \ll 1$,

可以近似得到 $b_1 \approx b_2 \approx \dfrac{h/k}{2\sqrt{2\zeta}} \approx 0.707 b_{\max}$，即 b_1 和 b_2 是半功率值，其对应的频率 f_1、f_2 是半功率频率，由此，得

$$\zeta = \frac{f_2 - f_1}{2f_n} \tag{4.5}$$

式(4.5)为用实验的方法求得系统阻尼比的方法，其中 f_1、f_2 的确定如图 4.2 所示。

4.2.2 结构的固有频率及振型

1. 有限自由度振动系统的固有频率及振型

以三自由度振动系统来讨论，其力学模型如图 4.3 所示。把三个钢质量块 m_A、m_B、m_C（集中质量 $m_A = m_B = m_C = m$）固定在钢丝绳上，钢丝绳张力 T 用不同质量的重锤来调节。在平面横向振动的条件下，忽略钢丝绳的质量，将一无限自由度系统简化为三自由度系统。由振动理论可知，三个集中质量的运动可用下面的方程来描述：

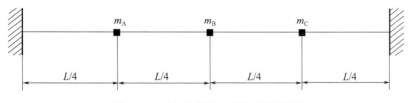

图 4.3 三自由度振动系统力学模型

$$M\ddot{X} + KX = 0 \tag{4.6}$$

式中：质量矩阵

$$M = \begin{bmatrix} m & 0 & 0 \\ 0 & m & 0 \\ 0 & 0 & m \end{bmatrix}$$

刚度矩阵

$$K = \frac{T}{L} \begin{bmatrix} 8 & -4 & 0 \\ -4 & 8 & -4 \\ 0 & -4 & 8 \end{bmatrix}$$

位移矩阵

$$X = \begin{bmatrix} x_1 \\ x_2 \\ x_3 \end{bmatrix} \tag{4.7}$$

系统的各阶固有频率为

一阶固有频率 $\qquad \omega_1^2 = 2.343\dfrac{T}{mL} \qquad f_1 = \dfrac{1.531}{2\pi}\sqrt{\dfrac{T}{mL}} \tag{4.8}$

二阶固有频率 $\qquad \omega_2^2 = 8\dfrac{T}{mL} \qquad f_2 = \dfrac{2.828}{2\pi}\sqrt{\dfrac{T}{mL}} \tag{4.9}$

三阶固有频率 $\qquad \omega_3^2 = 13.656 \dfrac{T}{mL} \quad f_3 = \dfrac{3.695}{2\pi}\sqrt{\dfrac{T}{mL}}$ $\qquad$ (4.10)

进一步可计算出各阶主振型 $A(i),(i=1,2,3)$，即

$$A(1) = \begin{bmatrix} 1 \\ \sqrt{2} \\ 1 \end{bmatrix} \quad A(2) = \begin{bmatrix} 1 \\ 0 \\ 1 \end{bmatrix} \quad A(3) = \begin{bmatrix} 1 \\ -\sqrt{2} \\ 1 \end{bmatrix} \qquad (4.11)$$

各阶主振型如图 4.4 所示。

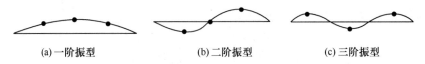

(a)一阶振型 $\qquad$ (b)二阶振型 $\qquad$ (c)三阶振型

图 4.4 三自由度系统的各阶主振型

对于三自由度系统，有三个固有频率，系统在任意初始条件下的响应是三个主振型的叠加。当激振频率等于某一阶固有频率时，系统的振型由该阶主振型决定，其他阶的主振型可忽略不计。主振型与固有频率一样只取决于系统本身的物理性质，而与初始条件无关。测定系统的固有频率时，连续调整激振频率，使系统出现某阶振型且振幅达到最大值，此时的激振频率即是该阶固有频率。

2. 连续弹性体的固有频率及振型

上面的分析可以推广，一个自由度的系统有一阶振型，对应一阶固有频率；两个自由度的系统有二阶振型，对应二阶固有频率；三个自由度的系统有三阶振型，对应三阶固有频率；对于连续的弹性体，其自由度为无限的，理论上说，它应有无限个固有频率和主振型。下面以一矩形截面简支梁为例讨论。

图 4.5 所示为一个矩形截面简支梁，它是一个无限自由度系统。理论上说，它应有无限个固有频率和主振型，在一般情况下，梁的振动是无穷多个主振型的叠加。如果给梁施加一个大小合适的激振力，且该力的频率正好等于梁的某阶固有频率，就会产生共振，对应于这一阶固有频率的确定的振动形态叫作这一阶主振型，这时其他各阶振型的影响小得可以忽略不计。用共振法确定梁的各阶固有频率及振型，首先得找到梁的各阶固有频率，并让激振力频率等于某阶固有频率，使梁产生共振，然后，测定共振状态下梁上各测点的振动幅值，从而确定某一阶主振型。在机械结构的振动分析中，我们关心的通常是低阶固有频率及主振型。

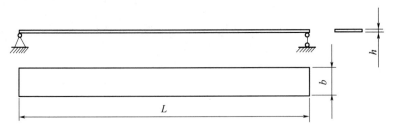

图 4.5 矩形截面简支梁

由弹性体振动理论可知,对于如图 4.5 所示的简支梁,横向振固有频率理论解为

$$f_0 = \frac{1}{2\pi}\left(\frac{\pi}{L^2}\right)^2\sqrt{\frac{EI}{\rho_l}} \tag{4.12}$$

式中:L 为简支梁长度(m);E 为材料弹性系数(Pa);A 为梁横截面积(m²);ρ_l 为材料线密度(kg/m),$\rho_l = \rho A$;ρ 为材料密度(kg/m³);I 为梁截面弯曲惯性矩(m⁴)。

对矩形截面,弯曲惯性矩

$$I = bh^3/12 \tag{4.13}$$

式中:b 为梁横截面宽度;h 为梁横截面高度。

各阶固有频率之比为

$$f_1 : f_2 : f_3 : f_4 \cdots = 1 : 2^2 : 3^2 : 4^2 \cdots \tag{4.14}$$

通过理论计算可得简支梁的一、二、三阶固有频率的振型如图 4.6 所示。

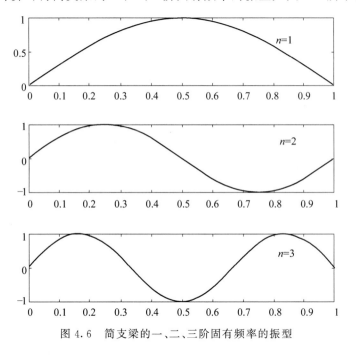

图 4.6　简支梁的一、二、三阶固有频率的振型

从上面的分析可以发现,结构的固有频率和振型由结构的形式、材料和结构的支撑边界条件决定,与外界的作用力无关。因此,结构的固有频率、主振型等参数是结构固有的动态参数。如果结构的形式或材料发生了变化(如桥梁中主梁发生了断裂),其动态参数就发生了改变。利用该原理,可以通过监测结构的动态参数的变化对结构进行健康监测。

4.2.3　结构的隔振

振动对工程和人们的生活有比较大的影响,因此在很多情况下需要采取隔振措施。隔振可分为主动隔振和被动隔振两大类。主动隔振是隔离机械设备通过支座传至地基的振动,以减少动力的传递;被动隔振是防止地基的振动通过支座传至需保护的精密仪器或仪器仪表,以减少运动的传递。

1. 主动隔振

如图 4.7 所示,一般的大型机械均需要采用隔振措施,最常用的方法是在机器的底座上安装隔振橡胶垫或隔振弹簧,减小由于偏心产生的惯性力传到基础上,从而减小振源的振动对周围环境和设备的影响,因此主动隔振也称为积极隔振或动力隔振。隔振的效果通常用隔振系数 η 和隔振效率 E 来度量。隔振系数 η 的定义为

$$\eta = F_2 / F \tag{4.15}$$

式中:F_1 为隔振前传给基础的力幅;F_2 为隔振后传给基础的力幅。由式(4.15)可知,主动隔振的隔振系数涉及动载荷的测量,测试复杂,精确测量有困难。在工程中,测量主动隔振的隔振系数常用间接的方法,具体方法有两种。

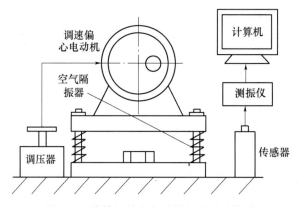

图 4.7　旋转机械的主动隔振及测试简图

(1)通过主动隔振系统的固有频率 f_2、阻尼比 ζ 和激振频率 f_1 计算隔振系数:

$$\eta = \sqrt{\frac{1 + (2\zeta\lambda)^2}{(1 - \lambda^2)^2 + (2\zeta\lambda)^2}} \tag{4.16}$$

式中

$$\zeta = \frac{1}{2\pi}\ln\frac{A_1}{A_2}, \lambda = f_1 / f_2$$

(2)通过基础隔振前后的振幅 A_1、A_2 计算隔振系数:

$$\eta = \frac{A_1}{A_2} \tag{4.17}$$

隔振效率 E 的定义为

$$E = (1 - \eta) \times 100\% \tag{4.18}$$

2. 被动隔振

如果用一台非常精密的仪器做纳米尺度的实验,环境振动对实验结果有非常大的影响。因此,必须想办法将外界的振动隔离开来,这就是被动隔振。图 4.8 所示为被动隔振简图,被动隔振是隔离基础的运动。以设备为对象,通过隔离装置,做到基础动

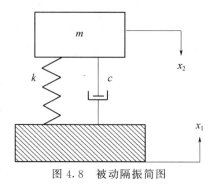

图 4.8　被动隔振简图

而设备不动。

被动隔振的振源是地基,被动隔振的效果通常用隔振系数 η 和隔振效率 E 来度量。隔振系数 η 的定义为

$$\eta = A_2/A_1 \tag{4.19}$$

式中:A_1 为振源的振幅;A_2 为设备隔振后的振幅。隔振效率 E 的定义为

$$E = (1-\eta) \times 100\% \tag{4.20}$$

若振源为地基的垂直简谐振动 $x_1 = A_1\sin(\omega t)$,由振动理论可知

$$\eta = \sqrt{\frac{1+(2\zeta\lambda)^2}{(1-\lambda^2)^2+(2\zeta\lambda)^2}} \tag{4.21}$$

式中:阻尼比 ζ 为

$$\zeta = \frac{1}{2\pi}\ln\frac{A_1}{A_2} \tag{4.22}$$

频率比 λ 为

$$\lambda = f_1/f_2 \tag{4.23}$$

其中 f_2 为主动隔振系统的固有频率,f_1 为激振频率。当频率比 $0<\lambda<\sqrt{2}$ 时,$n>1$,即 $A_2>A_1$,隔振器不起隔振作用。当频率比趋于 1,即 $f_1=f_2$ 时,出现共振。共振时,被隔离体系不能正常工作,$\lambda-0.8\sim1.2$ 为共振区,无论系统阻尼大小,只有当 $\lambda>\sqrt{2}$ 时,隔振器才起到隔振作用,隔振系数的值才小于 1。因此,要达到隔振的目的,弹性支撑固有频率 f_2 的选择必须满足 $f_1/f_2>\sqrt{2}$。

当 $f_1/f_2>\sqrt{2}$ 时,隔振系数的值随着频率比的不断增大而减小,隔振效果越来越好。但是如果 f_1/f_2 太大,隔振系统的静挠度必须很大,弹簧要做得柔软,相应地增大了系统的体积,容易使得安装稳定性变差(摇晃)。另一方面,若 $f_1/f_2>5$,隔振系数 η 的变化并不明显,说明即使弹簧支撑设计得十分柔软,隔振效果的改善并不显著。工程上通常采用 $f_1/f_2=3\sim5$,相应的隔振效率 E 可达 $80\%\sim90\%$。

小实验:用一根橡皮筋,一端固定在一个钥匙串上,手持另一端上下运动,看看何时手动而钥匙串不动? 这个小实验与奔驰车的设计有何关联?

4.2.4 结构的动力减振

在你出行的时候,如果仔细观察,会发现路边的高压输电线上安装有哑铃状的东西。你可能会好奇地问,这些是什么? 起何作用? 这些挂在高压线上的东西是动力消振锤,其作用是减小高压线在风的作用下的振动幅值。

动力减振就是将原有系统振动的能量转移到附加系统上,从而使原有系统的振动减小。动力吸振器利用连接在系统上的附加质量的动力实现吸振,即将原有系统振动的能量转移到附加的弹簧质量系统上。单式动力吸振系统是一个单自由度振动系统,与单自由度振动主系统一同构成二自由度振动系统,其装置简图如图 4.9 所示。主系统质量 m_1,刚度 k_1,位移 x_1;附加系统质量 m_2,刚度 k_2,位移 x_2。激振力为 $F\sin\omega t$。系统的微分方程为

$$m_1\ddot{x}_1 + (k_1 + k_2)x_1 - k_2x_2 = F\sin\omega t \tag{4.24}$$

$$m_2\ddot{x}_2 + k_2(y_2 - y_1) = 0 \tag{4.25}$$

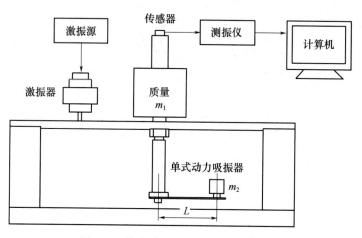

图 4.9 单式动力吸振系统的装置简图

设微分方程的解为

$$x_1 = A_1\sin\omega t, x_2 = A_2\sin\omega t \tag{4.26}$$

其中

$$A_1 = \frac{F(k_2 - m_2\omega^2)}{(k_1 + k_2 - m_1\omega^2)(k_2 - m_2\omega^2) - k_2^2} \tag{4.27}$$

$$A_2 = \frac{Fk_2}{(k_1 + k_2 - m_1\omega^2)(k_2 - m_2\omega^2) - k_2^2} \tag{4.28}$$

令主系统固有角频率 $p_1 = k_1/m_1$，附加系统固有角频率 $p_2 = k_2/m_2$，主系统静位移 $\delta_{st} = F/k_1$，质量比 $u = m_2/m_1$，以上两式可改写为无量纲的形式，即

$$\frac{A_1}{\delta_{st}} = \frac{1 - (\omega/p_2)^2}{[1 + u(p_2/p_1)^2 - (\omega/p_2)^2][1 - (\omega/p_2)^2] - u(p_2/p_1)^2} \tag{4.29}$$

$$\frac{A_2}{\delta_{st}} = \frac{1}{[1 + u(p_2/p_1)^2 - (\omega/p_2)^2][1 - (\omega/p_2)^2] - u(p_2/p_1)^2} \tag{4.30}$$

由式(4.29)，当 $u = 0.2$、$p_1 = p_2$ 时，可以画出 A_1/δ_{st} 与 ω/p_1 的关系曲线，如图4.10 所示。当 $\omega = p_2$ 时，由图4.10 或式(4.29)和式(4.30)可以看到 $A_1 = 0$ 或 $F = -kA_2$。这表明，当单式动力吸振器的固有角频率等于干扰力的固有角频率时，干扰力正好与弹性恢复力平衡，设备不振动，从而达到了减振的目的。因此，可以通过质量或刚度的调节，使动力吸振器起到减振的作用。

从图4.10 中还可以看到，设备安装了动力吸振器以后，整个系统具有两个自由度，共振峰对应于整个系统的固有角频率 ω_1 和 ω_2 为

$$\omega_1^2/p_2 = 1 + \frac{u}{2} + \sqrt{u + \frac{u^2}{4}} \tag{4.31}$$

$$\omega_2^2/p_2 = 1 + \frac{u}{2} - \sqrt{u + \frac{u^2}{4}} \tag{4.32}$$

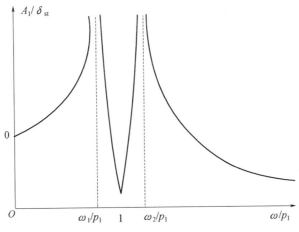

图 4.10　单式动力吸振器的传递曲线

动力吸振器主要用于外力角频率不变的场合,或者当外力角频率改变时,动力吸振器的固有角频率 p_2 可以控制,使其随外力角频率 ω 的变化而同步地正比变化。

动力消振的减振器直接安装在主结构上,不需要附加能量,结构简单,安装也比较方便,在工程上获得大量的运用。在高压输变线上常用的减振锤就是用了动力消振的原理消除或减小风振,一些悬索结构的桥梁上也安装了大型的动力吸振装置,以减小风振。

4.3　振动传感器简介

检测振动信号的传感器有很多,本节简单介绍压电式加速度传感器、电涡流传感器和激光测振传感器。非接触式传感器不与被测量结构接触,对结构的惯量无影响,在轻质、微小结构的振动测量中应用越来越广泛。

4.3.1　压电式加速度传感器

1. 压电式加速度传感器的结构

在振动、低速冲击、高速冲击的实验中,压电式加速度传感器是用得最普遍的。压电式加速度传感器又称压电式加速度计。它利用某些物质如石英晶体的压电效应,在压电式加速度计受振时,质量块加在压电元件上的力也随之变化。当被测振动频率远低于压电式加速度计的固有频率时,则力的变化与被测加速度成正比。

目前使用的压电材料有压电晶体(PZT)、压电聚合物(PVDF)等。其中压电晶体使用得最为广泛。

常用的压电式加速度计的结构如图 4.11 所示,S 是弹簧,M 是质块,B 是基座,P 是压电元件,R 是夹持环。图 4.11(a)是中央安装压缩型,压电元件、质量块、弹簧系统装在圆形中心支柱上,支柱与基座连接。这种结构有高的共振频率。然而基座 B 与测试对象连接时,如果基座 B 有变形则将直接影响拾振器输出。此外,测试对象和环境温度变化将影响压电元件,并使预紧力发生变化,易引起温度漂移。图 4.11(c)为三角剪切形,压电元件由夹持环将其夹牢在三角形中心柱上。加速度计感受轴向振动时,压电元件承受

67

切应力。这种结构对底座变形和温度变化有极好的隔离作用,有较高的共振频率和良好的线性。图 4.11(b)为环形剪切型,结构简单,能做成极小型、高共振频率的加速度计,环形质量块黏结到装在中心支柱上的环形压电元件上。由于黏结剂会随温度增高而变软,因此最高工作温度受到限制。

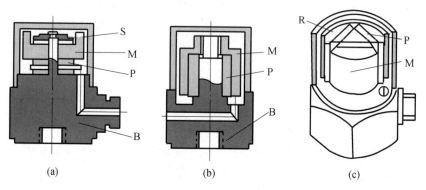

图 4.11　压电式加速度计的结构

2. 压电式加速度传感器的安装

由于压电式加速度计是安装在被测结构上的,所以它必须牢靠固定在结构上,一般采用钢螺栓固定、磁座固定、黏结剂黏结等方法。如用螺栓固定,螺栓不得全部拧入基座螺孔,以免引起基座变形,影响压电式加速度计的输出,安装时在安装面上涂一层硅脂可增加不平整安装表面的连接可靠性。需要绝缘时可用绝缘螺栓和云母垫片来固定压电式加速度计,但垫圈应尽量薄。用一层薄蜡把压电式加速度计黏结在试件平整表面上,也可用于低温(40℃以下)的场合。手持探针测振方法,在多点测试时使用特别方便,但测量误差较大,重复性差,使用上限频率一般不高于 1000Hz。用专用永久磁铁固定压电式加速度计,使用方便,多在低频测量中使用,此法也可使压电式加速度计与试件绝缘。用硬性黏结螺栓或黏结剂的固定方法也经常使用。

3. 压电式加速度传感器的灵敏度

压电加速度计属于发电型传感器,可把它看成电压源或电荷源,故灵敏度有电压灵敏度和电荷灵敏度两种表示方法。前者是压电式加速度计输出电压(mV)与所承受加速度之比;后者是压电式加速度计输出电荷与所承受加速度之比。加速度单位为 m/s²,但在振动测量中往往用标准重力加速度 g 为单位,这是一种已为大家所接受的表示方式,几乎所有测振仪器都用 g 作为加速度单位并在仪器的板面上和说明书中标出。

对于给定的压电材料而言,灵敏度随质量块的增大或压电元件的增多而增大。一般来说,压电式加速度计尺寸越大,其固有频率越低。因此选用压电式加速度计时应当权衡灵敏度和结构尺寸、附加质量的影响和频率响应特性之间的利弊。

压电式加速度计的横向灵敏度表示它对横向(垂直于压电式加速度计轴线)振动的敏感程度,横向灵敏度常以主灵敏度(即压电式加速度计的电压灵敏度或电荷灵敏度)的百分比表示。一般在壳体上用小红点标出最小横向灵敏度方向,一个优良的压电式加速度计的横向灵敏度应小于主灵敏度的 3%。因此,压电式加速度计在测试时具有明显的方向性。

4. 压电式加速度传感器的前置放大器

压电元件受力后产生的电荷极其微弱,这个电荷使压电元件边界和接在边界上的导体充电到电压 $U=q/C_a$(这里 C_a 是压电式加速度计的内电容)。要测定这样微弱的电荷(或电压)的关键是防止导线、测量电路和压电式加速度计本身的电荷泄漏。换句话讲,压电式加速度计所用的前置放大器应具有极高的输入阻抗,把泄漏减少到测量准确度所要求的限度以内。

压电式加速度计的前置放大器有电压放大器和电荷放大器。所用电压放大器就是高输入阻抗的比例放大器。其电路比较简单,但输出受连接电缆对地电容的影响,适用于一般振动测量。电荷放大器以电容作为负反馈,使用中基本不受电缆电容的影响。在电荷放大器中,通常用高质量的元器件,输入阻抗高,但价格也比较贵。

从压电式加速度计的力学模型来看,它具有"低通"特性,可测量极低频的振动。但实际上由于低频尤其小振幅振动时,加速度值小,传感器的灵敏度有限,因此输出的信号将很微弱,信噪比很低;另外电荷的泄漏,积分电路的漂移(用于测振动速度和位移)、元器件的噪声都是不可避免的,所以实际低频端也会出现"截止频率",为 $0.1\sim1\mathrm{Hz}$。

4.3.2 电涡流传感器

电涡流传感器能准确测量被测体(必须是金属导体)与探头端面之间的距离及其变化。与压电式加速度传感器不同,电涡流传感器固定安装在结构之外,测量的是结构振动时某点的位移变化。另外,电涡流传感器只对金属有作用,如果测量的结构是非金属材料做成的,则必须在测试点上粘贴金属片。如图 4.12 所示为电涡流传感器工作原理图。

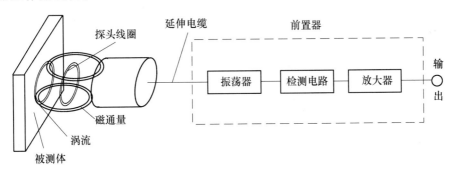

图 4.12 电涡流传感器工作原理图

探头线圈、(延伸电缆)前置器以及被测体构成基本工作系统。前置器中高频振荡电流通过延伸电缆流入探头线圈,在探头头部的线圈中产生交变的磁场。如果在这一交变磁场的有效范围内没有金属靠近,则这一磁场能量会全部损失;当有被测金属靠近这一磁场时,在此金属表面产生感应电流,电磁学上称之为电涡流,与此同时该电涡流场也产生一个方向与头部线圈方向相反的交变磁场,由于其反作用,使头部线圈高频电流的幅值和相位得到改变(线圈的有效阻抗),这一变化与金属体磁导率、电导率、线圈的几何形状、几何尺寸、电流频率以及头部线圈到金属导体表面的距离等参数有关。通常假定金属导体材质均匀且性能是线性和各向同性的,则线圈和金属导体系统的物理性质可由金属导体的电导率δ、磁导率ξ、尺寸因子τ、头部体线圈与金属导体表面的距离D、电流强度I和频率ω参数来描述。线圈特征阻抗可用$Z=F(\tau, \xi, \delta, D, I, \omega)$函数来表示。通常我们能做到控制$\tau$、$\xi$、$\delta$、$I$、$\omega$这几个参数在一定范围内不变，则线圈的特征阻抗$Z$就成为距离$D$的单值函数，虽然整个函数是非线性的，其函数特征为"S"形曲线，但可以选取它近似为线性的一段。由此，通过前置器电子线路的处理，将线圈阻抗Z的变化，即头部体线圈与金属导体的距离D的变化转化成电压或电流的变化。输出信号的大小随探头到被测体表面之间的距离而变化，电涡流传感器就是根据这一原理实现对金属物体的位移、振动等参数测量的。

4.3.3 激光测振传感器

目前，激光测振传感器的原理不外乎多普勒原理测量物体的振动速度和三点测量法测量位移。因此，基于多普勒原理的激光测振传感器为速度传感器，而三点测量法的传感器为位移传感器。

基于多普勒原理激光测振传感器用来测量物体的振动速度，这种传感器是一种速度传感器。多普勒原理是：若波源或接收波的观察者相对于传播波的媒质而运动，那么观察者所测到的频率不仅取决于波源发出的振动频率，而且还取决于波源或观察者的运动速度的大小和方向。所测频率与波源的频率之差称为多普勒频移。在振动方向与方向一致时多普勒频移$fd=v/\lambda$，式中v为振动速度，λ为波长。在激光多普勒振动速度测振仪中，由于光往返的原因，$fd=2v/\lambda$。这种测振仪在测量时由光学部分将物体的振动转换为相应的多普勒频移，并由光检测器将此频移转换为电信号，再由电路部分做适当处理后送往多普勒信号处理器将多普勒频移信号变换为与振动速度相对应的电信号，最后记录于数据采集系统中。这种测振仪采用波长为6328Å的氦氖激光器，用声光调制器进行光频调制，用石英晶体振荡器加功率放大电路作为声光调制器的驱动源，用光电倍增管进行光电检测，用频率跟踪器来处理多普勒信号。它的优点是使用方便，不需要固定参考系，不影响物体本身的振动，测量频率范围宽、精度高、动态范围大；缺点是测量过程受其他杂散光的影响较大。

基于三点测量法激光测振传感器的原理是：用一束激光以某一角度聚焦在被测物体表面，然后从另一角度对物体表面上的激光光斑进行成像，物体表面激光照射点的位置高度不同，所接受散射或反射光线的角度也不同，用CCD光电探测器测出光斑像的位置，就可以计算出主光线的角度，从而计算出物体表面激光照射点的位置高度。当物体沿激光线方向发生移动时，测量结果就将发生改变，从而实现用激光测量物体的位移变化。因此，基于三点测量法的激光测振传感器是一种位移传感器，它测出的是振动体的位移的变化。

过去，由于成本和体积等问题的限制，其应用未能普及。随着近年来电子技术的飞速发展，特别是半导体激光器和CCD等图像探测用电子芯片的发展，激光三角测距器在性能改进的同时，体积不断缩小，成本不断降低，正逐步从研究走向实际应用，从实验室走向市场。

如图4.13所示为基于三点测量法的激光测振仪原理。

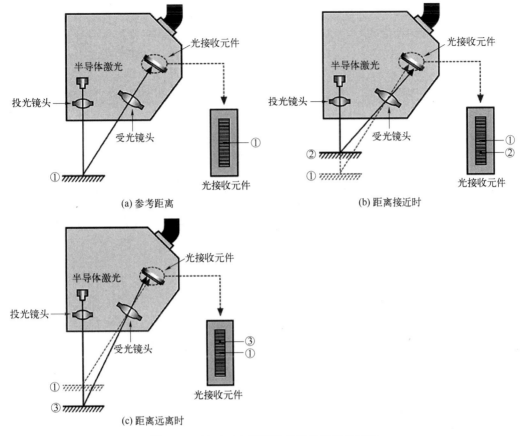

图 4.13　基于三点测量法的激光测振仪原理

4.4　振动测试的工程实例简介

4.4.1　消防车云梯实验

实验对象:30m 消防车伸缩云梯。

实验内容:动静应力及模态实验。

实验目的及意义:

1. 静应力实验目的

(1) 得到云梯在危险工况下的应力分布情况,确定危险截面。

(2) 对比有限元分析结果,检验与完善静力学计算力学模型。

(3) 评估云梯结构设计的合理性、可靠性。

2. 动应力实验目的

(1) 得到云梯在各种动态危险工况下的应力分布情况,确定危险截面、动态设计控制工况。

(2) 为确定结构动载系数或动态载荷(如水炮力)提供参考依据。

(3) 对比有限元分析结果,检验与完善计算力学模型。

3. 模态实验目的

（1）通过参数识别，确定云梯的模态参数（如固有频率、振型、阻尼比、模态质量、模态刚度等），从而检验与完善计算力学模型，并对云梯的整体刚度、抗振、抗风性能做出准确而科学的评价。

（2）由已知的固有频率的值来指导云梯的生产和使用，使其在使用过程中尽量避开固有频率，以防止产生共振破坏。

4. 主要实验仪器设备及用途

（1）静态应变仪（静态测试中测点信号数据的采集、处理、传送，型号东华 DH3815N）。

（2）动态信号测试分析系统（信号调理、低通滤波、电压放大、抗混滤波及 A/D 转换于一体，型号东华 DH5922）。

（3）数据处理软件（根据不同需要对数据进行存储、运算及分析等，型号东华 DHDAS、DHDMA）。

5. 实验图片

实验图片如图 4.14～图 4.16 所示。

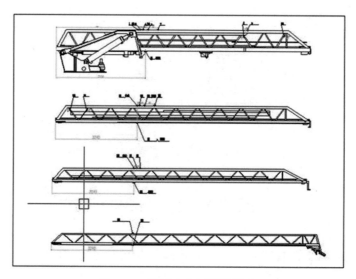

图 4.14　测试点布置图及描述

图 4.15　加速度传感器安装

72

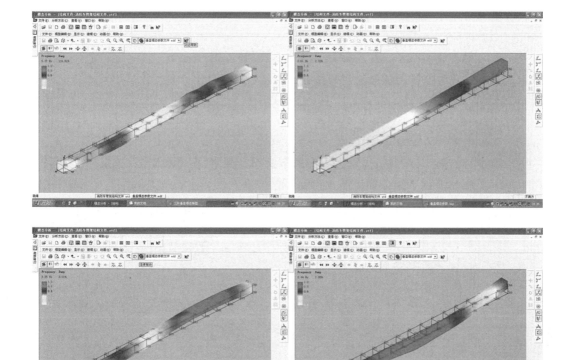

图 4.16　消防车云梯的前四阶振型

4.4.2　船体固有频率、振型和阻尼测试

1. 测试内容

在试航期间,对该船进行了船体固有频率、船体振型和阻尼的测试。

2. 测试用仪器设备

B&K Type 4370(丹麦)加速度传感器(8 只)

B&K Type 2692(丹麦)电荷放大器组合(4ch.×2)

DH5920(中国)数据采集器 ＋ 笔记本电脑和软件包

DH5903(中国)手持式测振仪

3. 测试方法

利用抛锚激振法获取船体垂直方向的各阶固有频率、振型和阻尼。抛锚中,锚链下放到 10m 左右时突然停止,保持原状 3min。

4. 测试使用的仪器系统配置

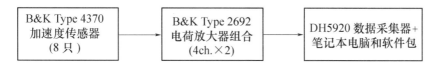

5. 测点布置

主甲板(中线面)Fr. −4，Fr. 89

主甲板(左舷边)Fr. 8，Fr. 28，Fr. 44，Fr. 53，Fr. 64，Fr. 78

6. 测点位置和仪器通道号的对应关系

通道号：1　2　3　4　5　6　7　8

肋位号：89　78　64　53　44　28　8　−4

7. 测试结果

利用抛锚激振法，获得船体垂直方向的各阶固有频率、振型和阻尼，其垂直振动频谱图如图 4.17 所示。测试结果如表 4.1 所示。

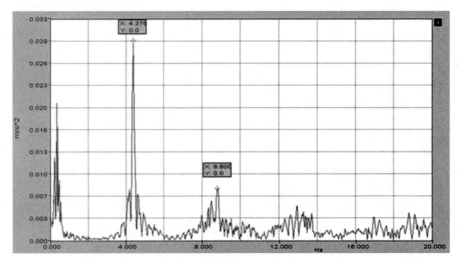

图 4.17　船体垂直振动频谱图

表 4.1　船体垂直方向的各阶固有频率和阻尼

谐调阶数	1	2
船体垂直方向固有频率	4.37	8.80
阻尼比	1.91%	2.14%

船体垂直方向的各阶振型如下。

(1) 一阶固有频率：4.37Hz 的振型，如图 4.18 所示。

垂直方向固有频率 f=4.37Hz

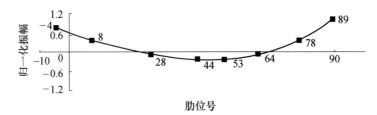

图 4.18　船体在垂直方向的一阶振型

74

（2）二阶固有频率：8.80Hz 的振型，如图 4.19 所示。

肋位号：　　　－4　8　　　　28　　　44　　53　　　　64　　78　　　89

归一振型值：0.63　0.13　－0.25　－0.13　0.13　　0.45　0.19　－1.00

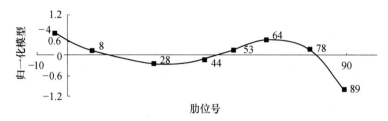

图 4.19　船体在垂直方向的二阶振型

第5章　光测力学的基本方法

光测力学是应用光学的基本原理,以实验为手段来测量物体中的应力、应变和位移等力学量,进而研究物体的变形机理和固有的力学行为。光波是一种电磁波,因此,一般用光的波动理论解释反射、折射、干涉、偏振等力学测量中所利用的光学现象。根据测试方法的不同,光测力学可以分为光弹性法、散斑干涉法、数字图像相关方法等,同电测等其他实验力学技术相比,具有全场、非接触等优点。

5.1　光弹性法

光弹性法是采用光学方法研究弹性体内应力分布的一种实验应力分析方法。它采用具有双折射性质的透明材料,制成与构件形状几何相似的模型,使其承受与原构件相似的载荷。将此模型置于偏振光场中,模型上即显示出与应力有关的干涉条纹图。根据光弹性原理,通过分析计算,就可以得出模型各点的应力大小和方向。由相似理论就可以换算成真实构件的应力。

5.1.1　光弹性中的光学知识

在光弹性实验中呈现的一切光学现象都可以用光的波动理论来解释。任意某点的光振动方程为

$$E = a\sin(\omega t + \alpha_0) \tag{5.1}$$

式中:a 为振幅,决定了光的强弱;ω 为角频率,光的颜色由频率决定,白光由红、橙、黄、绿、青、蓝、紫七种颜色组成,单色光是只有一种频率或波长的光;t 是时间;α_0 为初相位。

自然光是一切光源发出的普通光,如太阳光等。其光矢量的振动特点是,在垂直于光波传播方向做任意方向的振动,其振幅都相等。自然光的光振动是无规则的。但是,通过某种器件的反射、折射和吸收,可以使光矢量的振动限制在一个确定的方向上,而其余方向上的振动被大大地削弱或完全消除。这种只能在一个方向上做横向振动的光波称为平面偏振光。

使自然光变成平面偏振光的元件称为偏振片。偏振片只允许光波振动方向与偏振轴一致的光矢量通过,如果两片偏振片的偏振轴相互垂直,就会出现消光现象,这种两片偏振片之间的光场称为暗场;如果两片偏振片的偏振轴相互平行,称为明场。

对于光学各向异性介质,如方解石、云母等,当一束光入射时,一般会分解成两束折射光,称为双折射现象。实验表明,这两束折射光都是平面偏振光,它们光矢量的振动方向互相垂直,而且在晶体中的传播速度不同,其中一束光遵循折射定律,称为寻常光或o光;另一束光不遵循折射定律,称为非常光或e光。这类晶体有一特定方向,当光沿此方向入射时,不发生双折射现象,这个特定的方向称为晶体的光轴。

从一块双折射晶体上,平行于其光轴方向切出一薄片,称为波片。将一束平面偏振光

垂直入射到此波片上,光波即被分解为两束振动方向互相垂直的平面偏振光,它们在晶体内部的传播速度不同,通过波片后,便产生了某一光程差。两束频率相同、相位相差 $\pi/2$、振动平面互相垂直的平面偏振光合成后,光矢量末端的运动轨迹是一个圆螺旋线,这种偏振光称为圆偏振光。相位差 $\varphi = \pi/2$ 相当于光程差为 $\lambda/4$,只要适当选择波片的厚度,就可以产生 $\lambda/4$ 光程差,这样的波片称为 $1/4$ 波片。

5.1.2 光弹性法的基本原理

有些各向同性的透明非晶体材料,如环氧树脂、聚碳酸酯等,在其自然状态时,不会产生双折射现象,但当其受到载荷作用而有应力时,会产生双折射现象;当载荷卸去后,双折射现象也即消失,这种现象称为(暂时)人工双折射,也称为光弹性效应。光弹性实验就是利用了这种暂时双折射现象进行的。

当一束平面偏振光垂直入射平面应力模型时,光波将沿模型上入射点的两个主应力 σ_1、σ_2 方向分解成两束平面偏振光。这两束平面偏振光在模型内的传播速度不同,所以通过模型后就产生光程差 R。实验结果表明,光程差与该点的主应力差 $(\sigma_1 - \sigma_2)$ 和模型厚度 d 成正比,即

$$R = cd(\sigma_1 - \sigma_2) \tag{5.2}$$

式中:c 为模型材料的相对应力光学常数。

由此表明,平面偏振光沿模型上任意一点两主应力方向分解的两平面偏振光,在透过模型之后产生的相对光程差与该点的主应力差和模型厚度成正比。这称为平面应力-光学定律。这样,把一个求主应力差的问题转化为一个求光程差的问题。用光弹性仪来测定光程差的大小,然后根据应力-光学定律确定主应力差值,这就是光弹性法的理论基础。

平面偏振光装置如图 5.1 所示。靠近光源的一块偏振片为起偏镜,用 P 表示;在模型另一侧的偏振片为检偏镜,用 A 表示。通常,起偏镜的偏振轴在垂直方向,检偏镜的偏振轴在水平方向,形成暗场。模型放在两块偏振镜之间的加载装置上。

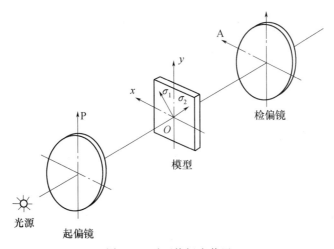

图 5.1　平面偏振光装置

在平面偏振光暗场中,用单色光作为光源。设模型上 O 点的主应力 σ_1 与起偏镜偏振轴之间的夹角为 θ,从光源发出的单色光,通过起偏镜 P 后成为平面偏振光

$$E_{\mathrm{P}} = a \sin \widetilde{\omega} t$$

当这束平面偏振光垂直入射到模型平面上的 O 点时,由于模型的暂时双折射现象,光波将沿主应力方向分解成两束平面偏振光。由于这两束平面偏振光在模型中的传播速度不同,通过模型后产生一相位差 α,两列光波到达检偏镜后,只有平行于检偏镜 A 偏振轴的振动分量才能通过。于是,通过检偏镜后的合成光波为

$$E_{\mathrm{A}} = a \sin 2\theta \cdot \sin \frac{\alpha}{2} \cdot \cos\left(\widetilde{\omega} t + \frac{\alpha}{2}\right)$$

光强 I 与光波振幅的平方成正比,该点合成平面偏振光的光强为

$$I = k\left(a \sin 2\theta \cdot \sin \frac{\alpha}{2}\right)^2$$

式中:k 为一常数。若用光程差来表示,由 $\alpha = \dfrac{2\pi}{\lambda}R$,得

$$I = k\left(a \sin 2\theta \cdot \sin \frac{\pi R}{\lambda}\right)^2 \tag{5.3}$$

上式表明,光强 I 与光程差有关,与主应力方向和起偏镜光轴之间的夹角有关。现在研究光强 $I = 0$ 的情况,即从检偏镜后面看到模型上的该点是黑色的。

(1) 当 $\theta = 0$ 或 $\theta = \pi/2$ 时,$\sin 2\theta = 0$,则光强 $I = 0$。

这说明模型上该点主应力方向与起偏镜偏振轴平行,在检偏镜之后呈现为黑点。模型上一系列这样的点将形成一条黑线,在这条黑线上的点的主应力方向都相同,且与起偏镜偏振轴的方向平行,这样的点的轨迹称为等倾线。一般模型内各点的主应力方向是不同的,若同时转动起偏镜与检偏镜某一相同的角度,则会得到另一组等倾线。通常取起偏镜的偏振轴在垂直方向为起点;从投影屏向光源看去,当逆时针同步旋转起偏镜与检偏镜 θ 角时,则对应的黑色等倾线称为 θ 角等倾线。

(2) 当 $\sin \dfrac{\pi R}{\lambda} = 0$ 时,$I = 0$,又形成另一类条纹,此时 $\dfrac{\pi R}{\lambda} = N\pi$,即

$$R = N\lambda \quad (N = 0, 1, 2, \cdots)$$

此条件表明,只要光程差 R 等于单色光波长的整数倍,那么在检偏镜之后成为黑点。在应力模型中,满足光程差等于同一整数倍波长的各点,将连成一条黑色干涉条纹。由式(5.2),有

$$\sigma_1 - \sigma_2 = \frac{\lambda N}{cd}$$

这里引入 $f = \lambda/c$,则

$$\sigma_1 - \sigma_2 = \frac{Nf}{d} \tag{5.4}$$

式中:N 为等差线条纹级数;f 为模型材料的条纹值,与材料及所使用的光源有关,单位为 N/mm·条,表示单位厚度模型产生一级条纹所需的主应力差值,f 值由实验测定。目前使用的聚碳酸酯光弹性材料,其材料条纹值 f 约为 7.0×10^3 N/mm·条。

这类光强为零的点形成的轨迹,其主应力差值相等,所以称为等差线。由于 $N = 0, 1, 2, \cdots$,都满足消光条件,故在检偏镜后呈现的是一系列黑色条纹,对应地称为 0 级、1 级、2 级、$\cdots$ 等差线,N 为等差线条纹级数。

由以上讨论可知,受力模型在平面偏振光场中,将同时出现两组性质不同的条纹:一组为等倾线,它给出模型上各点的主应力方向;另一组为等差线,利用它能够测出模型上各点的主应力差值。这两组条纹图案统称为应力光图,它是光弹性实验的基础。

在平面偏振光场中,得到的图像同时包含等倾线和等差线,这会使条纹的判断产生困难。用圆偏振光场可以消除等倾线,得到清晰的等差线图。圆偏振光暗场如图 5.2 所示。由图 5.2 可见,起偏镜与检偏镜的偏振轴互相垂直;两块 1/4 波片的快、慢轴也互相垂直,并且与偏振轴成 45°角,光源为单色光。

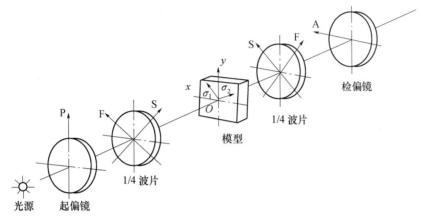

图 5.2　圆偏振光暗场

单色光通过起偏镜后,成为平面偏振光

$$E_P = a \sin \widetilde{\omega} t$$

通过第一块 1/4 波片后,变成圆偏振光。当圆偏振光到达模型上的 O 点时,又沿主应力 σ_1、σ_2 的方向分解为两束平面偏振光。由于它们在模型中的传播速度不同,通过模型后,产生相位差 α。接着光波通过第二块 1/4 波片,最后,通过检偏镜 A 时,合成的平面偏振光为

$$E_A = a \sin \frac{\alpha}{2} \cos\left(\widetilde{\omega} t - 2\beta + \frac{\alpha}{2}\right)$$

此平面偏振光的光强与其振幅的平方成正比,即

$$I = k\left(a \sin \frac{\alpha}{2}\right)^2 \tag{5.5}$$

比较式(5.3)和式(5.5),式(5.5)中不再包含 $\sin 2\theta$,因此消除了等倾线,而只有等差线。根据 $N = 0, 1, 2, 3, \cdots$ 的次序,而出现 0 级、1 级、2 级、3 级⋯等差线。

若将检偏镜偏振轴旋转 90°,即得圆偏振光亮场,背景最亮。同样,可得到在检偏镜后的光强表达式为

$$I = k\left(a \cos \frac{\alpha}{2}\right)^2 = k\left(a \cos \frac{\pi R}{\lambda}\right)^2$$

令光强 $I = 0$,有

$$\frac{\pi R}{\lambda} = \frac{m}{2}\pi$$

即

$$R = \frac{m}{2}\lambda \quad (m = 1, 3, 5, \cdots) \tag{5.6}$$

根据 $m = 1, 3, 5\cdots$ 的次序，而出现 0.5 级、1.5 级、2.5 级…半数级等差线条纹。

在单色光作为光源时，等差线条纹是黑色的。如果采用白光为光源，等差线只有零级条纹是永久性黑色条纹，其他非零级条纹都是彩色的。

白光由红、橙、黄、绿、青、蓝、紫七种色光混合组成，每种色光对应一定的波长。在光弹性实验中，当模型上某点的光程差恰好等于某一色光波长的整数倍时，在检偏镜后看到的就是它的互补色光。因此，光程差数值相同的点，就形成了同一种颜色条纹，故等差线又称为等色线。

在模型上，光程差为零的点，所有波长的色光均被消光，呈现为黑点。所以，零级等差线呈黑色。当光程差随着主应力差连续增加时，首先被消光的是波长最短的紫光，然后依蓝、青、绿……的次序消光，与这些色光对应的互补色按黄、红、蓝、绿依次呈现出来。当光程差大于红光波长后，会有几种颜色的光波同时被消去。即当光程差等于几种色光波长的整数倍时，这几种色光同时消失，这时互补色就变得浅淡。主应力差越大，互补色越浅淡，即条纹级数越高，等色线的颜色就越淡。

实验时一般先用白光作为光源，这时零级条纹是黑色的，其他级数的等差线是彩色的。当颜色的变化为黄、红、蓝、绿时，为级数增加的方向，反之为级数减少的方向。按照等色线的深浅顺序就可容易地确定各等差线的级数。根据应力分布的连续性，条纹级数也是连续变化的。定出各等差线条纹级序后，再改用单色光作为光源，进行拍摄或描绘。根据实验要求，非整数级条纹级序，可利用光弹仪或其他方法测取。图 5.3 所示为对径受压圆盘在暗场下的等差线图。

绘制等倾线图时，采用白光光源的正交平面偏振光场，此时，等差线除零级条纹外总是彩色条纹，而等倾线总是黑色条纹。先缓慢地同步转动起偏镜和检偏镜，同时观察等倾线的变化规律。反复观察几次后，才开始描绘等倾线。一般以检偏镜的偏振轴位于水平位置，起偏镜的偏振轴位于铅锤位置作为 0°起始位置。这时，模型上出现的是 0°等倾线。然后，由检偏镜视向起偏镜，按逆时针方向同步旋转起偏镜及检偏镜。每隔一定的角度（5°或 10°等）描绘出对应的等倾线，如图 5.4 所示。

图 5.3　对径受压圆盘在暗场下的等差线图

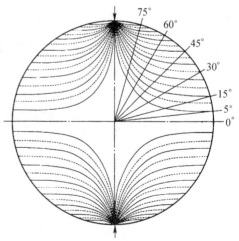

图 5.4　对径受压圆盘的等倾线图

根据等倾线,可以绘制在工程中有实用价值的主应力迹线。例如,混凝土中的钢筋布置,板、壳结构中的加强筋布置,都是以主应力迹线为依据的。

5.2　散斑干涉法

当相干光照射到粗糙物体表面时,在表面前方空间会形成随机分布的明暗的斑点,称为散斑。散斑的空间结构只取决于相干光源以及被照射物体表面结构,因此,将物体位移前后的散斑信息进行记录和处理,即可得到物体表面的位移或应变等力学量。按照光路布置的不同,可以分为双光束对称入射光路面内位移测量、同轴入射光路离面位移测量、剪切散斑干涉离面位移导数测量等。

5.2.1　双光束对称入射光路面内位移测量

1970 年,Leendertz 提出采用漫射面散斑图干涉技术测量离面和面内变形,其中面内变形的测量光路为两相干平行光束对称地照射在被测物体表面。现代光测力学使用CCD(Charge Coupled Device)等数码相机来记录散斑图,应用计算机图像处理技术获取与显示干涉条纹图。

物体变形前,两束对称照射的平行光经物面漫反射后沿物面法线方向经成像透镜汇聚到 CCD 靶面,这时记录的光强为

$$I_{\text{before}}(x,y)=I_1(x,y)+I_2(x,y)+2\sqrt{I_1(x,y)I_2(x,y)}\cos\varphi(x,y) \qquad (5.7)$$

式中:$I_1(x,y)$、$I_2(x,y)$分别为两束入射光波经物面漫反射后到达 CCD 靶面时的光强;$\varphi(x,y)$为两束光波的相位差,当物体发生变形后,CCD 靶面记录的光强为

$$I_{\text{after}}(x,y)=I_1(x,y)+I_2(x,y)+2\sqrt{I_1(x,y)I_2(x,y)}\cos[\varphi(x,y)+\delta(x,y)]$$

$$(5.8)$$

上式忽略了物面变形对两束光光强的影响,即认为 $I_1(x,y)$ 和 $I_2(x,y)$ 没有变化,$\delta(x,y)$ 为物面变形引起的两束光波相位差的变化。采用图像灰度算数相减模式,并取图像灰度差的绝对值,则有

$$
\begin{aligned}
I(x,y) &= \left| I_{\text{after}}(x,y)-I_{\text{before}}(x,y) \right| \\
&= 4\sqrt{I_1(x,y)I_2(x,y)}\left| \sin\left[\varphi(x,y)+\frac{\delta(x,y)}{2}\right] \right| \cdot \left| \sin\frac{\delta(x,y)}{2} \right| \qquad (5.9)
\end{aligned}
$$

$\delta(x,y)$ 与位移 u 的关系为

$$\delta(x,y)=\frac{4\pi}{\lambda}u\sin\theta \qquad (5.10)$$

式中:λ 为光波波长;θ 为相干光入射角。

式(5.9)中第二个等号右端第一个正弦项含有初始相位差$\varphi(x,y)$,它与物面随机起伏度有关,在干涉图上则反映为散斑颗粒随机性的特点;第二个正弦项为仅与物面面内变形有关的低频分量,在干涉图上则反映为物面变形的位移等值线即条纹。图 5.5 所示为圆盘旋转时的面内位移条纹图。

图 5.5　圆盘旋转时的面内位移条纹图

81

5.2.2　同轴入射光路离面位移测量

同轴入射光路为经典的迈克耳孙干涉光路,其基本的测量过程是:实验前利用分光镜和成像透镜将待测物和参考物的像同时成在 CCD 感光靶面上。待测物体受载变形前,平行激光光波经分光镜透射和反射后分别照在具有漫射特性的待测物和参照物的表面,经漫射后的激光再次经过分光镜反射和透射通过成像透镜同时汇聚在 CCD 感光靶面并干涉形成散斑图。

上述测量过程数学上可以这样解释:第一次曝光后记录的光强如式(5.7)所示,只不过式中 $I_1(x,y)$ 和 $I_2(x,y)$ 分别对应 CCD 靶面上点 (x,y) 处的待测物面光波和参照物面光波的光强;$\varphi(x,y)$ 为待测物面光波和参照物面光波的相位差,由于物面粗糙起伏的随机性,所以 CCD 靶面记录的光强的明暗分布也是随机的。待测物发生离面变形后,第二次曝光后记录的光强如式(5.8)所示。待测点 (x,y) 的离面位移 ω 与 $\delta(x,y)$ 之间的关系为

$$\delta(x,y)=\frac{4\pi}{\lambda}\omega \qquad (5.11)$$

式中:λ 为光波波长。同样,采用数字图像相减模式的散斑干涉条纹图的表达式具有式(5.9)的形式。由于图像显示时灰度值不能为负值,所以图像相减运算后需取绝对值。

图 5.6 所示为周边固支圆盘受法向均布荷载作用时电子散斑干涉条纹图。为了得到精确的相位结果,通常需要相移算法得到变形前后的包裹相位图,然后利用解包裹算法获取连续相位图,即可进行离面位移测量。

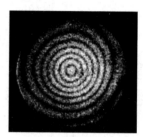

图 5.6　周边固支圆盘受法向均布荷载作用时电子散斑干涉条纹图

5.2.3　剪切散斑干涉离面位移导数测量

前面介绍的两种干涉光路只能测量位移,然而应变的测量一般比位移更重要。采用数值分析方法对位移进行差分运算将使测量误差放大,从而影响测试精度。如果通过精密的光学元件对图像进行错位实现差分则几乎没有误差。同时由于采用光学位错即剪切,与前面两种方法相比,剪切散斑干涉方法对测试环境的要求低,是光测力学测试技术中少数能够直接用于工程现场测试的方法之一。

按照测量光路的不同,剪切散斑干涉可以分为基于迈克耳孙干涉光路、基于光楔剪切成像、基于沃拉斯顿棱镜剪切成像的剪切散斑干涉方法。基于迈克耳孙干涉光路的剪切散斑干涉方法是通过旋转其中一个平面镜微小角度从而实现在成像靶面上呈现两个错位虚像。基于光楔剪切成像的剪切散斑干涉方法是在成像透镜前利用光楔使一半光束的方向产生微小变化从而改变像在像面上的位置,它与另一半光束所成的像在像面上产生错位形成剪切。基于沃拉斯顿棱镜剪切成像的剪切散斑干涉方法通过在相机前放置沃拉斯顿棱镜和偏振片,沃拉斯顿棱镜利用晶体的双折射现象在成像光路中形成两个错位的像,偏振片调节两束光的振动方向使其满足光波干涉条件。

受篇幅所限,这里直接给出干涉条纹与位移导数之间的关系。相位差 $\Delta=2m\pi(m=0,1,2,\cdots)$ 时,干涉条纹为暗条纹。当沿 x 轴方向剪切时有

$$\Delta = \frac{4\pi}{\lambda} \frac{\partial \omega}{\partial x} \delta x \qquad (5.12)$$

式中：λ 为光波波长。$\partial \omega / \partial x$ 为离面位移沿 x 轴方向导数。同理，当沿 y 轴方向剪切时有

$$\Delta = \frac{4\pi}{\lambda} \frac{\partial \omega}{\partial y} \delta y \qquad (5.13)$$

图 5.7 所示分别显示了周边固支圆盘受法向均布荷载时沿 x 轴方向和 y 轴方向的剪切散斑干涉条纹图。在公开报道的文献中，激光电子剪切散斑干涉成像法在检测涡轮发动机的复合材料风扇箱、汽车复合材料面板、轮胎、桥梁、直升机旋翼、混凝土残余应力等很多场合都有广泛的应用。

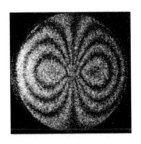

图 5.7　周边固支圆盘受法向均布荷载时沿 x 轴方向和 y 轴方向的剪切散斑干涉条纹图

5.3　数字图像相关方法

数字图像相关方法是由日本学者 Yamaguchi 与美国学者 Peters 等人于 20 世纪 80 年代几乎同时独立提出的。通过数字相机记录物体变形前后物面的表面纹理图像，基于局域图像灰度匹配搜索求解位移和应变。与其他光测方法相比，该方法具有实验设备简单、测量环境要求低、易于工程应用等优点。该方法主要包括二维数字图像相关方法和三维数字图像相关方法。

5.3.1　二维数字图像相关方法

二维数字图像相关方法的装置如图 5.8 所示。在非相干光源照射的条件下，采用单个相机垂直于试件表面进行图像拍摄。

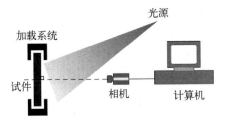

图 5.8　二维数字图像相关方法的装置

在试件表面制备黑白散斑，采集未发生变形时的试件表面散斑图像，作为参考图像，如图 5.9（a）所示；试件发生变形后的表面图像，作为变形图像，如图 5.9（b）所示；对参考图像和变形图像进行相关运算，即可得到该状态对应的全场变形，如果 5.9（c）所示。

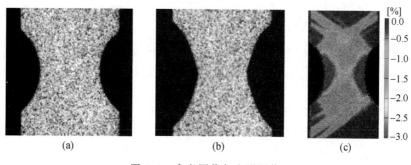

图 5.9　参考图像与变形图像

数字图像相关方法通过比较变形前后图像的灰度信息来提取被测物表面的位移信息,对位移进行一定的处理即可得到应变数据。将待匹配点(x,y)周围的一小块矩形区域称为图像子区,大小为$(2M+1)\times(2N+1)$,在变形后的图像子区内通过一定的搜索策略及匹配标准找到对应的匹配点(x',y'),即可求出待匹配点在x方向和y方向的位移u和v:

$$u=x'-x$$
$$v=y'-y$$
(5.14)

其中搜索策略包括整像素及亚像素搜索,匹配标准为两个图像子区的相关函数最大。相关函数采用量化的方法来描述目标子区与参考子区的相似程度。其定义为:

$$C(\vec{p})=\text{Corr}[f(x,y),g(x',y')]$$
(5.15)

式中:$f(x,y)$为参考图像子区灰度值;$g(x',y')$为变形图像子区灰度值。相关函数的选择多种多样,按形式可以分为互相关函数和最小平方距离函数。互相关函数常用的形式主要有以下四种:直接互相关函数、均值归一化互相关函数、标准化互相关函数、标准化协方差互相关函数。最小平方距离函数常用形式有以下三种:最小平方距离相关函数、归一化最小平方距离相关函数、经过均值归一化得到的归一化最小平方距离相关函数。

为了描述变形前后图像子区的变形模式,采用形函数来描述目标子区和参考子区的变形程度。根据变形模式的复杂程度,可以将形函数分为零阶形函数、一阶形函数和二阶形函数等。零阶形函数表示参考图像子区和变形图像子区之间只存在平动关系;一阶形函数表示参考图像子区和变形图像子区之间存在平动、转动、缩放及剪切变形情况,由于一阶形函数形式简单并且可以描述众多变形情况,应用最为广泛;在复杂变形时应该采用更高阶的二阶形函数。形函数的阶数并非越高越好,因为高阶形函数会导致过匹配现象,造成更大的匹配误差,因此在实际应用中要综合考虑变形复杂度、计算速度等情况。

图像子区的搜索包括整像素和亚像素的搜索策略。整像素搜索策略可以分为粗细搜索法、十字搜索法、邻近域搜索法等。但整像素的匹配精度完全不能满足工程实际需求,因此学者们提出众多的亚像素搜索策略,包括插值法、拟合法、梯度法、迭代法、频域法、遗传和神经网络算法等。其亚像素定位精度也各不相同:插值法主要是针对图像灰度插值;拟合法则是针对相关系数进行拟合;迭代法分为拟牛顿法、正向 Newton‐Raphson 迭代法和反向 Gauss‐Newton 迭代法;遗传和神经网络算法一般只见于理论研究中。插值法和拟合法比较简单,正向 Newton‐Raphson 迭代法和反向 Gauss‐Newton 迭代法的精度最高,应用也最为广泛。

5.3.2 三维数字图像相关方法

三维数字图像相关方法是一种结合双目立体视觉原理与数字图像相关匹配的方法。双目立体视觉是模拟人的视觉方式,由双相机从不同空间位置观察同一物体,得到两幅数字图像。对于被测物表面上的一点,根据其在两幅图像中的匹配像素点位置及相机的相对空间位置和光学参数,基于三角测量原理计算出空间三维坐标。其装置如图 5.10 所示。

对于变形前左右相机的两幅图像,分别记为 A0 和 A1,对于变形后左右相机的两幅图像,记为 B0 和 B1,共有四幅图像。对于图像中的任意一点,至少需要三次相关匹配才能计算出该点的三维坐标和三维位移,如图 5.11 所示。

图 5.10 三维数字图像相关方法的装置

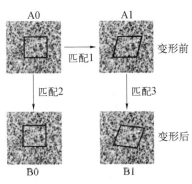

图 5.11 三维数字图像相关方法的匹配策略

图 5.12(a)所示为预制圆孔板的拉伸实验中左相机参考图,利用上述的匹配策略进行相关运算之后可以得到全场应变,如图 5.12(b)所示。

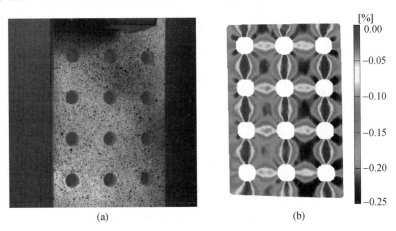

(a)   (b)

图 5.12 预制圆孔板拉伸实验参考图及结果图

第6章 实　　验

6.1　材料力学实验

6.1.1　金属材料的拉伸实验

拉伸实验是测定材料在常温静载下机械性能的最基本和最重要的实验之一。这不仅因为拉伸实验简便易行,便于分析,且测试技术较为成熟。更重要的是,工程设计中所选用材料的强度、塑性和弹性模量等机械性能指标,大多数以拉伸实验为主要依据。

1. 实验目的

（1）验证胡克定律,测定低碳钢的弹性模量 E。

（2）测定低碳钢拉伸时的强度性能指标:屈服强度 R_{el} 和抗拉强度 R_m。

（3）测定低碳钢拉伸时的塑性性能指标:断后伸长率 A 和断面收缩率 Z。

（4）测定灰铸铁拉伸时的强度性能指标:抗拉强度 R_m。

（5）绘制低碳钢和铸铁拉伸图,比较低碳钢与铸铁在拉伸时的力学性能和破坏形式。

2. 实验设备和仪器

（1）电子万能实验机。

（2）引伸计。

（3）游标卡尺。

3. 实验试样

按照国家标准《金属拉伸实验试样》(GB/T6397—86),金属拉伸试样的形状随着产品的品种、规格及实验目的不同而分为圆形截面试样、矩形截面试样、异形截面试样和不经机加工的全截面形状试样四种。其中最常用的是圆形截面试样和矩形截面试样。参见2.3.1节。

4. 实验原理与方法

1）测定低碳钢的弹性常数

对试样预加一定的初载荷,同时读取引伸计的初读数。

为了验证载荷与变形之间成正比的关系,在弹性范围内(根据 $R_P \times S_0$ 求出的最大弹性载荷),采用等量逐级加载方法,每次递加同样大小的载荷增量 ΔF(可选 $\Delta F = 2kN$),读取引伸计的相应的变形量。若每次的变形量大致相等,则说明载荷与变形成正比关系,即验证了胡克定律。弹性模量 E 可按下式算出

$$E = \frac{\Delta F \cdot L_e}{S_0 \cdot \overline{\Delta L}} \tag{6.1}$$

式中:ΔF 为载荷增量;S_0 为试样的横截面积;L_e 为引伸计的标距(即引伸计两刀刃间的距离);$\overline{\Delta L}$ 为在载荷增量 ΔF 下由引伸计测出的试样变形增量平均值。

2）测定低碳钢的强度和塑性性能指标

弹性模量测量完毕后，将载荷卸去，取下引伸计，再次缓慢加载直至试样被拉断，以测出低碳钢在拉伸时的其他力学性能。

（1）强度性能指标：屈服应力（屈服点）R_{el}、抗拉强度 R_m。

（2）塑性性能指标：断后伸长率 A、断面收缩率 Z。

试样的塑性变形集中产生在颈缩处，并向两边逐渐减小。因此，断口的位置不同，标距 L_0 部分的塑性伸长也不同。为了避免这种影响，GB/T228.1—2010 对断后长度 L_u 的测定做了详细合理的规定，参见 2.3.1 节。

3）测定灰铸铁拉伸时强度性能指标

灰铸铁在拉伸过程中，变形很小时就会断裂，实验机的载荷传感器记录下的最大载荷值 F_m，即可得到抗拉强度 R_m。

5．实验步骤

1）测定低碳钢的弹性、塑性及强度常数

（1）测量试样的尺寸：在试样标距范围内的中间及两标距点的内侧附近，分别用游标卡尺在相互垂直方向上测取试样直径，平均值为试样在该处的直径，取三者中的最小值作为计算直径。

（2）将试样打上标距点，并刻画间隔为 10mm 或 5mm 的分格线。

（3）进入程序主界面后，单击"联机"按钮，成功之后，单击"启动"按钮。

（4）安装试样，把引伸计安装在试样的中部，取下引伸计上的标距定位销。

（5）在菜单中选择、填写实验条件、参数。

（6）单击程序主界面中的"实验"按钮，匀速缓慢加载，按等量逐级加载法均匀缓慢加载，读取引伸计的变形读数。随后观察试样的屈服现象和颈缩现象，直至试样被拉断为止。

（7）取下被拉断后的试样，将断口吻合压紧，用游标卡尺量取断口处的最小直径和两标点之间的距离，输入计算机，进行实验数据和曲线处理，并打印实验报告。

2）测定灰铸铁拉伸时的强度性能指标

（1）测量试样的尺寸。

（2）在菜单中选择、填写实验条件、参数。

（3）安装试样。

（4）开始实验，匀速缓慢加载直至试样被拉断为止，记录下最大载荷 F_m。

6．注意事项

（1）实验时必须严格遵守实验设备和仪器的各项操作规程，严禁开"快速"挡加载。开动万能实验机后，操作者不得离开工作岗位，实验中若发生故障应立即停机。

（2）引伸计系精密仪器，使用时须谨慎小心，不要用手触动指针和杠杆。安装引伸计时不能卡得太松或太紧，太松会在实验中脱落摔坏，太紧会随试样变形时受到束缚造成测量误差。

（3）加载时速度要均匀缓慢，防止冲击。

6.1.2　金属材料的压缩实验

1．实验目的

（1）测定低碳钢压缩时的屈服应力 R_{elc}。

（2）测定灰铸铁压缩时的抗压强度 R_{mc}。

（3）观察、比较低碳钢与灰铸铁在压缩时的变形特点和破坏形式。

2．实验设备和仪器

（1）万能实验机。

（2）游标卡尺。

3．实验试样

按照《金属材料　室温压缩试验方法》（GB/T7314—2017），金属压缩试样的形状随着产品的品种、规格及实验目的的不同而分为圆柱体试样、正方体试样和板状试样三种。

4．实验原理与方法

1）测定低碳钢压缩时的强度性能指标

低碳钢在压缩过程中，当应力小于屈服应力时，其变形情况与拉伸时的基本相同。当达到屈服应力后，试样产生塑性变形，随着压力的继续增加，试样的横截面积不断变大直至被压扁。故只能测其屈服载荷 F_{elc}，进而计算出屈服应力 R_{elc}。

2）测定灰铸铁压缩时的强度性能指标

灰铸铁在压缩过程中，当试样的变形很小时即发生破坏，故只能测其破坏时的最大载荷 F_{mc}，即可得到抗压强度 R_{mc}。

5．实验步骤

（1）检查试样两端面的光洁度和平行度，并涂上润滑油。用游标卡尺测量并记录试样的原始尺寸。

（2）检查上、下承垫是否符合平整的要求。

（3）快速移动实验机横梁，将上、下压头调整至合适的位置。

（4）将试样放进万能实验机的上、下承垫之间，并检查对中情况。

（5）设置实验参数。

（6）开始实验时要均匀缓慢加载，注意读取低碳钢的屈服载荷 F_{elc} 和灰铸铁的最大载荷 F_{mc}，并注意观察试样的变形现象。

6.1.3　金属材料的扭转实验

在实际工程机械中，有很多传动轴是在扭转情况下工作的，材料的剪切屈服极限 τ_e 和剪切强度极限 τ_m 是设计这类构件的主要强度指标，这些指标通过进行扭转实验获得。扭转实验是对杆件施加绕轴转动的力偶矩，以测定其扭转变形和力学性能方面的指标，是材料力学的一个重要实验。

1．实验目的

（1）测定低碳钢扭转时的强度性能指标：剪切屈服极限 τ_{el} 和剪切强度极限 τ_m。

（2）测定灰铸铁扭转时的强度性能指标：剪切强度极限 τ_m。

（3）绘制低碳钢和灰铸铁的扭转图，比较低碳钢和灰铸铁的扭转破坏形式。

（4）了解电子式扭转实验机的构造、原理和操作方法。

2．实验设备和仪器

（1）扭转实验机。

（2）游标卡尺。

3. 实验试样

按照《金属材料　室温扭转试验方法》(GB/T10128—2007)，金属扭转试样的形状随着产品的品种、规格及实验目的的不同而分为圆形截面试样和管形截面试样两种。其中最常用的是圆形截面试样，试样形状见 2.3.3 节。

4. 实验原理与方法

1) 扭转力学性能实验

试样在外力偶矩的作用下，其上任意一点处于纯剪切应力状态。随着外力偶矩的增加，力矩与扭转角为线性关系，直至力矩的示数值出现一个维持的平台，这时所指示的外力偶矩的数值即为屈服扭矩 T_{el}，按弹性扭转公式计算的剪切屈服应力为

$$\tau_{el} = \frac{T_{el}}{W} \tag{6.2}$$

式中：$W = \pi d^3/16$ 为试样在标距内的抗扭截面系数。

在测出屈服扭矩 T_{el} 后，可加快实验机加载速度，直到试样被扭断为止。实验机记录下最大扭矩为 T_m，剪切强度极限为

$$\tau_m = \frac{T_m}{W} \tag{6.3}$$

如上所述，名义剪切强度 τ_{el}、τ_m 等，是按弹性公式计算的，它是假设试样横截面上的剪应力为线性分布，外表最大，形心为零，这在线弹性阶段是正确的。

对上述两公式的来源说明如下。

低碳钢试样在扭转变形过程中，绘出扭矩 T 与转角的 $T-\phi$ 图，如图 6.1 所示。当达到图中 A 点时，T 与 ϕ 成正比的关系开始破坏，这时，试样表面处的切应力达到了材料的扭转屈服应力 τ_{el}，若能测得此时相应的外力偶矩 T_{el}，则扭转屈服应力为

$$\tau_{el} = \frac{T_{el}}{W} \tag{6.4}$$

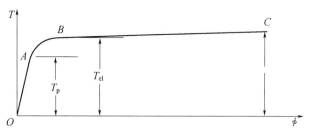

图 6.1　低碳钢的扭转图

$T = T_p$ 时其横截面上的切应力分布如图 6.2(a)所示。经过 A 点后，横截面上出现了一个环状的塑性区，如图 6.2(b)所示。若材料的塑性很好，且当塑性区扩展到接近中心位置时，横截面周边上各点的切应力仍未超过扭转屈服应力，此时的切应力分布可简化成图 6.2(c)所示的情况，对应的扭矩 T_{el} 为

$$T_{el} = \int_0^{d/2} \tau_{el} \rho 2\pi\rho \mathrm{d}\rho = 2\pi\tau_{el} \int_0^{d/2} \rho^2 \mathrm{d}\rho = \frac{\pi d^3}{12} \tau_{el} = \frac{4}{3} W \tau_{el}$$

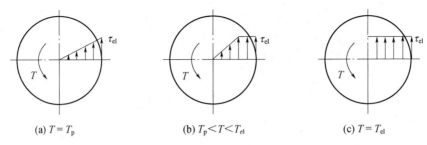

(a) $T = T_p$ (b) $T_p < T < T_{el}$ (c) $T = T_{el}$

图 6.2　低碳钢圆柱形试样扭转时横截面上的切应力分布

由于 $T = T_{el}$，因此，由上式得

$$\tau_{el} = \frac{3}{4} \frac{T_{el}}{W} \qquad (6.5)$$

从图 6.1 中可以看出，当扭矩 T 超过 T_{el} 后，扭转角 ϕ 增加很快，而扭矩 T 增加很小，BC 近似于一条直线。因此，可认为横截面上的切应力分布如图 6.2(c)所示，只是切应力值比 τ_{el} 大。根据测定的试样在断裂时的最大扭矩 T_m，可求得抗扭强度为

$$\tau_m = \frac{3}{4} \frac{T_m}{W} \qquad (6.6)$$

2）测定灰铸铁扭转时的强度性能指标

对于灰铸铁试样而言，只需测出其承受的最大扭矩 T_m，抗扭强度为

$$\tau_m = \frac{T_m}{W} \qquad (6.7)$$

低碳钢试样的断口与轴线垂直，表明破坏是由切应力引起的；而灰铸铁试样的断口则沿螺旋线方向与轴线约成 45°角，表明破坏是由拉应力引起的。

5. 实验步骤

（1）测量试样的直径（方法与拉伸实验相同）。

（2）将试样安装到扭转实验机上，运行应用软件，预置实验条件、参数。

（3）开始实验，匀速缓慢加载，跟踪观察试样的屈服现象和实时曲线，待屈服过程之后，提高实验机的加载速度，直至试样被扭断。

（4）取下拉断后的试样，进行实验数据和曲线及实验报告处理。

（5）测定灰铸铁扭转时的强度性能指标步骤与低碳钢扭转基本一致，但只需测量扭断值。

6.1.4　材料的冲击韧性实验

对一些用于承受动载荷的材料，必须考虑材料的冲击韧性。韧性是材料断裂时吸收机械能能力的度量。吸收较多能量才断裂的材料是韧性好的材料。在实际工程中，材料抗冲击能力用冲击韧性表示。冲击韧性一般通过一次摆锤冲击弯曲实验来测定。

1. 实验目的

（1）测定低碳钢的冲击性能指标：冲击韧性 α_k。

（2）测定灰铸铁的冲击性能指标：冲击韧性 α_k。

（3）比较低碳钢与灰铸铁的冲击性能指标和破坏情况。

2. 实验设备和仪器

（1）冲击实验机。

（2）游标卡尺。

3. 实验试样

按照《金属材料　夏比摆锤冲击试验方法》(GB/T229—2007)，金属冲击实验所采用的标准冲击试样为 10mm×10mm×55mm 并开有 2mm 或 5mm 深的 U 形缺口的冲击试样（见图 6.3），以及 45°张角 2mm 深的 V 形缺口冲击试样（见图 6.4）。

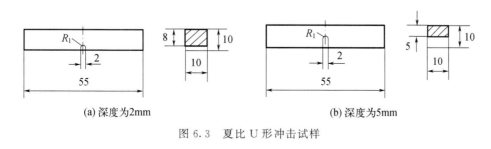

(a) 深度为2mm　　　　　　　　　　(b) 深度为5mm

图 6.3　夏比 U 形冲击试样

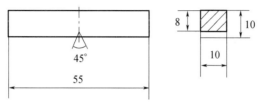

图 6.4　夏比 V 形冲击试样

如果不能制成标准试样，则可采用宽度为 7.5mm 或 5mm 等小尺寸试样，其他尺寸与相应缺口的标准试样相同，缺口应开在试样的窄面上。

试样的公差、表面粗糙度等加工技术要求参见 GB/T229—2007。

4. 实验原理与方法

使摆锤从一定的高度自由转动落下，撞断试样，读取试样在被撞断过程中所吸收的能量 K，冲击韧性为

$$\alpha_k = \frac{K}{A} \tag{6.8}$$

式中：A 为试样缺口处的横截面面积。

分别测试低碳钢、灰铸铁材料的冲击韧性值。

5. 实验步骤

（1）测量试样的尺寸。

（2）了解冲击实验机的操作规程和注意事项。

（3）将试样安装好。注意在安装试样时，不得将摆锤抬起。

（4）抬起摆锤，使操纵手柄置于"预备"位置，用销子停住摆锤，注意在摆动范围内不得有人和任何障碍物。

91

（5）将手柄迅速推至"冲击"位置,使摆锤摆动一次后将手柄推至"制动位置"。

（6）记录冲断试样所需的能量,取出被冲断的试样。

6. 实验数据的记录与计算

将实验数据与计算结果填入表 6.1 中。

表 6.1　测定低碳钢和灰铸铁的冲击性能指标实验的数据记录与计算结果

材　　料	试样缺口处的横截面积 A/mm^2	试样所吸收的能量 K/J	冲击韧性 $\alpha_k/(J/mm^2)$
低碳钢			
灰铸铁			

7. 思考题

（1）为什么冲击试样要有切槽?

（2）比较低碳钢与灰铸铁的冲击破坏特点。

6.1.5　疲劳实验

对受到交变载荷作用的重要零部件,必须按"疲劳极限设计"。所谓疲劳极限是材料经过无数次应力循环而不发生疲劳破坏的最大应力。它是疲劳性能的重要指标。

1. 实验目的

（1）了解测定材料疲劳极限、$S-N$ 曲线的方法。

（2）通过观察疲劳试样断口,分析疲劳的原因。

（3）了解所使用疲劳实验机的工作原理和操作过程。

2. 实验设备

（1）疲劳实验机。

（2）游标卡尺。

3. 实验原理及方法

金属材料的疲劳实验可采用升降法（GB/T3075—2008）和单点法（HB5152—1996）,其原理及方法详见 2.3.5 节。本实验使用单点法。

因为

$$\sigma = \frac{M \cdot d_{min}}{2 \cdot I}$$

而

$$M = \frac{1}{2} P \cdot a$$

$$I = \frac{\pi d_{min}^4}{64}$$

所以求得最小直径截面上的最大弯曲正应力为

$$\sigma = \frac{\frac{1}{2} P \cdot a \cdot d_{min}}{2 \frac{\pi \cdot d_{min}^4}{64}} = \frac{P}{\frac{\pi \cdot d_{min}^3}{16a}}$$

令

$$K = \frac{\pi \cdot d_{\min}^3}{16a}$$

则上式可写为

$$P = K\sigma \qquad (6.9)$$

式中:K 为加载乘数,它可根据实验机的尺寸 a 和试样的直径 $d_{\min}$ 算出。在试样的应力 σ 确定后,便可计算出应施加的载荷 P。载荷中包括套筒、砝码盘和加力架的质量 G,所以,应加砝码的质量实为

$$P' = P - G = K\sigma - G$$

4. 实验步骤

(1) 测量试样最小直径 $d_{\min}$。

(2) 计算或查出 K 值。

(3) 根据确定的应力水平 σ,由式 $P' = P - G = K\sigma - G$ 计算应加砝码的质量 P'。

(4) 将试样安装于套筒上,拧紧两根连接螺杆,使之与试样成为一个整体。

(5) 连接挠性连轴节。

(6) 加上砝码。

(7) 开机前托起砝码,在运转平稳后,迅速无冲击地加上砝码,并将计数器调零。

(8) 试样断裂、记下寿命 N,取下试样。

(9) 按照"单点法"测试原理,继续完成剩下 5～7 根试样的实验。绘制疲劳寿命曲线确定疲劳极限。

5. 实验时应注意的事项

(1) 未装试样前禁止启动实验机,以免挠性连轴节甩出。

(2) 实验进行中若发现连接螺杆松动,应立即停机重新安装。

6. 实验结果处理

(1) 下列情况实验数据无效:载荷过高致试样弯曲变形过大,造成中途停机;断口有明显夹渣致使寿命偏低。

(2) 将所得实验数据列表;然后以 $\lg N$ 为横坐标、$\sigma_{\max}$ 为纵坐标,绘制光滑的 S-N 曲线,并确定 σ_{-1} 的大致数值。

7. 思考题

(1) 疲劳试样的有效工作部分为什么要磨削加工,不允许有周向加工刀痕?

(2) 实验过程中若有明显的振动,对寿命会产生怎样的影响?

6.1.6 压杆临界压力的测定

1. 实验目的

(1) 观察和了解细长中心受压杆件的失稳现象。

(2) 测定二端铰支压杆的临界压力 P_{cr},并与理论计算结果进行比较。

2. 实验设备、仪器和试样

(1) 电子万能材料实验机。

(2) 大量程百分表及磁性表座,或者电阻应变仪。

（3）钢板尺、游标卡尺。

（4）压杆试样：压杆试样为由弹簧钢制成的细长杆，截面为矩形，两端加工成带有小圆弧的刀刃。在试样中点的左右两侧沿轴线各贴一枚应变片，如图 6.5(a) 所示。

（5）支座：支座为浅 V 形，压杆变形时两端可绕 z 轴转动，故可作为铰支座。压杆受力模型如图 6.5(b) 所示。

3. 实验原理和方法

试件尺寸：厚度 t，宽度 b，长度 L，弹性模量 E。试件两端是带圆角的刀刃，将试件放在实验架支座的 V 形槽口中，压杆所受的力由动横梁上的载荷传感器拾取。当试件受压发生弯曲变形时，试件两端能自由绕 V 形槽转动，因此可视试件为两端铰支压杆。

由材料力学可知，两端铰支细长压杆的临界载荷可由欧拉公式求得，即

$$P_{cr} = \frac{\pi^2 E I_{min}}{L^2} \tag{6.10}$$

式中：E 为材料的弹性模量；I_{min} 为压杆截面的最小惯性矩；L 为压杆的长度。对于理想压杆，当压力 P 小于临界力 P_{cr} 时，受压细长杆件理论上保持线性，杆件处于稳定平衡状态，压力 P 与压杆中点的挠度 f 的关系如图 6.5(c) 中的直线 OA。当压力达到临界压力 P_{cr} 时，杆件因丧失稳定而弯曲，若以载荷 P 为纵坐标，压杆中点挠度 f 为横坐标，按照小挠度理论，P–f 的关系是图 6.5(c) 中的折线 OCD。

实际的压杆难免有初曲率，在压力偏心及材料不均匀等因素的影响下，使得 P 远小于 P_{cr} 时，压杆便出现弯曲。但这阶段的挠度 f 不很明显，且随 P 的增加而缓慢增长，如图 6.5(c) 中的 OC 所示。当 P 接近 P_{cr} 时，f 急剧增大，如图 6.5(c) 中 CD 所示。它以直线 CD 为渐近线。因此，根据实际测出的 P–f 曲线图，由渐近线 CD 即可确定压杆的临界载荷 P_{cr}。

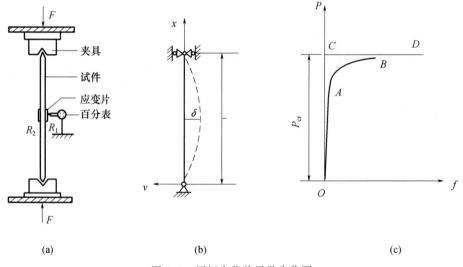

| (a) | (b) | (c) |

图 6.5　压杆失稳装置及失稳图

压杆中点的挠度 f 可以通过百分表来测量，也可以通过贴在压杆中点两侧的电阻应变仪来测量。R_1、R_2 采用半桥自补偿的方法进行测量。

4. 实验步骤

(1) 测量试样长度 L，横截面尺寸(取试样上、中、下三处的平均值)。计算最小惯性矩 I_{min}。

(2) 将试样置于材料实验机的 V 形支座中，注意使压力通过试样的轴线。

(3) 在试样长度中点的侧面安装百分表，并将百分表调至 1/2 量程左右，记下初读数。或者将试样中点两侧的电阻应变仪接成半桥，连入电阻应变仪。

(4) 缓慢加载，每增加一级载荷，读取相应的挠度 f，当 f 出现明显的变化时，实验即可终止，卸去载荷。

5. 实验结果处理

(1) 根据实验测得的试样载荷和挠度(或应变)系列数据，绘出 $P-f$ 或 $\sigma-\varepsilon$ 曲线，据此确定临界载荷 P_{cr}。

(2) 根据欧拉公式，计算临界载荷的理论值。

(3) 将实测值和理论值进行比较，计算出相对误差并分析讨论。

6.1.7 断裂韧性

1. 实验目的

测定材料的平面应变断裂韧性 K_{IC}。

2. 实验设备和仪器

(1) 万能材料实验机。

(2) 游标卡尺。

(3) 引伸计。

3. 实验试样

试样的形状与制备参见 2.3.4 节。

4. 实验原理

(1) 测试方法：实验时，在万能材料实验机上进行三点弯曲加载。直到试样断裂，记录加载力和裂纹嘴张开量之间的 $F-V$ 关系曲线。

(2) 实验结果处理：依据 2.3.4 节中介绍的原理、方法确定临界载荷 F_Q 和裂纹长度 a。依据式(2.23)进行有效性判断。

5. 实验步骤

(1) 制备试样、裂纹总长度(预制切口＋疲劳裂纹) a 要求控制在 $0.45W\sim0.55W$。

(2) 测量在试样的尺寸：B、W、S、a。

(3) 在试样的裂纹两边对称地粘贴刀口，且刀口要平行。

(4) 将试样有裂纹的一边向下，在刀口间安装变形传感器，试样两端对称地摆放到实验机的弯曲支座上。

(5) 设置好实验参数之后，开始均匀缓慢地加载，直至试样断裂。得到载荷与裂纹嘴张开位移的 $F-V$ 曲线。

(6) 取下试样，测量裂纹长度 a_1、a_2、a_3、a_4、a_5，计算 $\overline{a}=\frac{1}{3}(a_2+a_3+a_4)$，并判断 a

的值是否有效,若有效则作为有效裂纹长度。

(7)根据 a、W,计算 a/W,查表得 $f(a/W)$ 数值,代入 $K_{\mathrm{I}} = \dfrac{F_{\mathrm{Q}}S}{BW^{3/2}} f\left(\dfrac{a}{W}\right)$,算出条件韧性值 K_{Q}。

(8)按照以下条件进行有效性校核:

$$\begin{cases} F_{\max}/F_{\mathrm{Q}} \leqslant 1.1 \\ a,B \geqslant 2.5(K_{\mathrm{Q}}/R_{\mathrm{p0.2}})^2 \end{cases}$$

若条件满足,则 K_{Q} 就是材料的平面应变断裂韧性 K_{IC} 的有效值;若不满足上述条件,则应该用较大的试样(尺寸至少为原试样的 1.5 倍),直至满足条件,才能确定材料的有效 K_{IC} 值。

6. 实验数据与处理

将实验数据与计算结果填入表 6.2 中。

表 6.2　断裂韧性实验数据与计算结果

裂纹长度 a /mm		临界载荷 F_{Q} /kN	断裂韧性 K_{IC} /(MPa·$\sqrt{\mathrm{m}}$)	有效性校核	
				a、$B \geqslant 2.5(K_{\mathrm{Q}}/R_{\mathrm{p0.2}})^2$	$F_{\max}/F_{\mathrm{Q}} \leqslant 1.10$
a_2					
a_3					
a_4					
$\bar{a}$					

试件尺寸:$W =$ _____ (mm);$B =$ _____ (mm);$S =$ _____ (mm)

例:试件尺寸:$W = 60$ (mm);$B = 30$ (mm);$S = 240$ (mm)

($R_{\mathrm{p0.2}} = 835\mathrm{MPa}$)　$\bar{a} = 32.3$　$a/w = 0.542$　$f(a/w) = 3.05$　$F_{\mathrm{Q}} = 31$ (kN)

$$K_{\mathrm{Q}} = \frac{F_{\mathrm{Q}}S}{BW^{3/2}} f\left(\frac{a}{W}\right)$$

$$= \frac{31 \times 10^3 \times 240 \times 10^{-3}}{30 \times 10^{-3} \times (\sqrt{60 \times 10^{-3}})^3} \times 3.05$$

$$= 51.5\mathrm{MPa} \cdot \sqrt{\mathrm{m}}$$

有效性校核:计算出来的 K_{Q} 值是否为平面应变断裂韧性 K_{IC},必须满足下列两个条件:

$$\begin{cases} a、B \geqslant 2.5(K_{\mathrm{Q}}/R_{\mathrm{p0.2}})^2 \\ F_{\max}/F_{\mathrm{Q}} \leqslant 1.10 \end{cases}$$

$$2.5(K_{\mathrm{Q}}/R_{\mathrm{p0.2}})^2 = 2.5 \times (51.5/835)^2 = 0.0095\mathrm{m}$$

$$a、B = 0.03 \geqslant 2.5(K_{\mathrm{Q}}/R_{\mathrm{p0.2}})^2$$

且实验曲线属于第Ⅲ型,即 $F_{\max} = F_{\mathrm{Q}}$,故有效性效核结果为实验有效,材料的 $K_{\mathrm{IC}} = K_{\mathrm{Q}} = 51.5\mathrm{MPa} \cdot \sqrt{\mathrm{m}}$。

6.2 电测力学实验

6.2.1 电阻应变片的粘贴技术

应力测量是工程中很重要的测量内容,一般采用电阻应变法测量应变而求得。要达到预期的测量目的或实验的成功,必须掌握电阻应变片的粘贴技术与电阻应变仪的正确使用。

1. 实验目的

(1) 学习并掌握常温电阻应变片的粘贴技术。

(2) 在结构上粘贴应变片,测量该位置的应变应力值,并与理论值比较。

2. 设备及耗材

(1) 电阻应变片,接线端子。

(2) 数字万用电表,测量导线。

(3) 悬臂梁、砝码、温度补偿块等。

(4) 砂布、丙酮、药棉等清洗器材。

(5) 502 胶、防潮剂、玻璃纸及胶带。

(6) 划针、镊子、电烙铁、剪刀等。

(7) 静态电阻应变仪。

3. 实验方法和步骤

由于构件的变形是通过应变片的电阻变化来测定的,因此,在应变测试中,应变片的粘贴是极为重要的一个技术环节。应变片的粘贴质量直接影响测试数据的稳定性和测试结果的准确性。在工程实验中要求认真掌握应变片粘贴技术。应变片粘贴过程有应变片的筛选、测点表面处理与测点定位、应变片粘贴固化、导线焊接与固定和应变片粘贴质量检查、防护处理等。

注意事项:粘贴应变片时,注意不要被 502 胶黏住手指或皮肤。若被黏上,可用丙酮清洗。502 胶有刺激性气味,不宜多闻,切不要溅入眼睛。

4. 静态电阻应变仪的使用方法

静态电阻应变仪的使用方法参见其使用说明书。

5. 实验报告

6. 思考题

(1) 简述应变片筛选的原则与原因。

(2) 简述应变片粘贴的整个操作过程及注意事项。

(3) 分析实验过程中出现的问题及处理方法。

6.2.2 纯弯梁的弯曲应力测定

弯曲是工程中常见的一种基本变形。例如,火车轮轴、桥式起重机的大梁等都是弯曲变形的杆件。应变电测法是工程中用于测量构件在静态、动态载荷作用下所产生应变量的一种重要测试方法。本实验用电测法测量纯弯曲梁上正应力的分布规律及大小。

1. 实验目的

（1）掌握电测法的测试原理，学习运用电阻应变仪测量应变的方法。

（2）测定梁纯弯曲时的正应力分布，并与理论计算结果进行比较，以验证弯曲正应力公式。

2. 设备及仪器

（1）钢卷尺。

（2）游标卡尺。

（3）静态电阻应变仪。

（4）纯弯曲梁实验装置。

纯弯曲梁实验装置如图6.6所示。试件采用低碳钢制成的矩形截面梁。

图6.6 纯弯曲梁实验装置

3. 实验原理

已知梁在弹性范围内受纯弯曲时的正应力公式为

$$\sigma_{理} = \frac{M \cdot y}{I_z} \tag{6.11}$$

式中：M 为作用在横截面上的弯矩；I_z 为梁横截面对中性轴 Z 的惯性矩；y 为从中性轴到所求应力点的距离。

由式（6.11）可计算出横截面上各点正应力的理论值。可以看到，沿横截面高度各点处的正应力是按直线规律变化的。

为了验证此理论公式的正确性，在梁承受纯弯曲段的侧面上，沿不同高度粘贴上电阻应变片，如图6.7所示。用电阻应变仪测出各点的应变值 $\varepsilon_{实}$，根据胡克定律求出各点的应力实验值 $\sigma_{实}$，即

$$\sigma_{实} = E \cdot \varepsilon_{实} \tag{6.12}$$

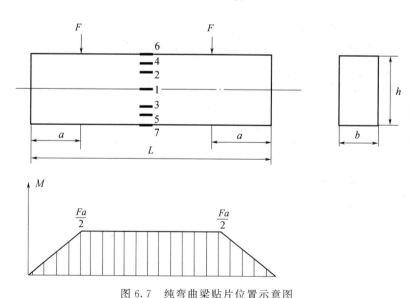

图6.7 纯弯曲梁贴片位置示意图

实验时,采用增量法,每增加等量的载荷 ΔF,测定各点相应的应变增量,取应变增量的平均值 $\Delta\varepsilon_实$,则各点的应力实验值为

$$\Delta\sigma_实 = E \cdot \Delta\varepsilon_实 \qquad (6.13)$$

用增量法计算相应的应力理论值为

$$\Delta\sigma_理 = \frac{\Delta M \cdot y}{I_z} \qquad (6.14)$$

式中

$$\Delta M = \frac{1}{2}\Delta F \cdot a$$

$$I_z = \frac{bh^3}{12}$$

将实验测得的应力值 $\Delta\sigma_实$ 与理论应力值 $\Delta\sigma_理$ 加以比较,从而验证弯曲正应力公式的正确性。

4. 静态电阻应变仪的使用

电阻应变测量主要由电阻应变片和应变仪组成,测定梁纯弯曲时的正应力,按 1/4 桥(公用补偿片)的桥路连接,静态电阻应变仪的使用方法参见其使用说明书。

5. 实验方法和步骤

(1)测量钢梁试件的尺寸:h、b、L、a。

(2)电阻应变仪的调整与桥路连接。

(3)接通力传感器显示屏电源开关,当试件未受力时,调节电阻应变仪零点,使示数为零。

(4)缓慢平稳地转动手轮,对梁加载。每增加 1kN 载荷,测定相应测点的应变值,载荷增加到 5kN 为止。

(5)卸去载荷,应变仪、力传感器显示屏复位。应变测量结束。

6. 实验结果整理

(1)计算出每增加 $\Delta F = 1$kN 时,各测点处的平均应变增量 $\Delta\varepsilon_实$。

(2)由各测点的应变增量平均值,按式(6.13)计算各测点的应力实验值为

$$\Delta\sigma_实 = E \cdot \Delta\varepsilon_实$$

(3)由式(6.14),计算各测点处相应的应力理论值为

$$\Delta\sigma_理 = \frac{\Delta M \cdot y}{I_z}$$

(4)计算各测点应力实验值与理论值的误差百分率 η 为

$$\eta = \left| \frac{\Delta\sigma_理 - \Delta\sigma_实}{\Delta\sigma_理} \right| \times 100\%$$

7. 注意事项

(1)使用电阻应变仪必须遵守其操作规程。测量过程中不得触动导线。

(2)螺旋加载应缓慢平稳,不允许超过实验规定的数值。

6.2.3 弯扭组合变形

1. 实验目的

(1)用电测法测定平面应力状态下主应力的大小及方向。

（2）测定薄壁圆管在弯扭组合变形作用下，分别由弯矩、剪力和扭矩所引起的应力。

2. 实验仪器和设备

（1）弯扭组合实验装置。

（2）静态电阻应变仪。

3. 实验原理

如图 6.8 所示为弯扭组合实验装置，实验时，逆时针转动加载手轮，传感器受力，将信号传给数字测力仪，此时，数字测力仪显示的数字即为作用在扇臂顶端的载荷值。扇臂顶端作用力传递至薄壁圆管上。薄壁圆管产生弯扭组合变形。

图 6.8　弯扭组合实验装置

薄壁圆管材料为铝合金。其弹性模量 $E=70\mathrm{GPa}$，泊松比 $\mu=0.33$。薄壁圆管截面尺寸和受力简图如图 6.9 所示，I-I 截面为被测试截面。该截面上的内力有弯矩、剪力和扭矩。取 I-I 截面的 A、B、C、D 四个被测点，其应力状态如图 6.10 所示。每点处按 $-45°$、$0°$、$+45°$方向粘贴一枚三轴 $45°$应变花，如图 6.11 所示。

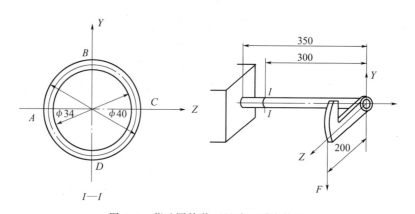

图 6.9　薄壁圆管截面尺寸和受力简图

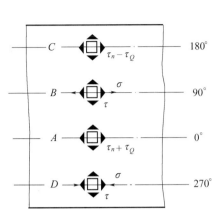

图 6.10　各点的应力状态

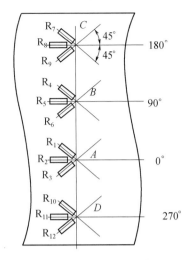

图 6.11　各点贴片示意图

4. 实验内容及方法

1）指定点的主应力大小和方向的测定

受弯扭作用的薄壁圆管其表面各点处于平面应力状态。用应变花测出三个方向的线应变,然后运用应变-应力换算关系求出主应力的大小和方向。由于本实验用的是 45°应变花,若测得三个方向应变 ε_{-45}、ε_0、ε_{45} 则主应力大小的计算公式为

$$\sigma_{1,2} = \frac{E}{1-\mu^2}\left[\frac{1+\mu}{2}(\varepsilon_{-45}+\varepsilon_{45}) \pm \frac{1-\mu}{\sqrt{2}}\sqrt{(\varepsilon_{-45}-\varepsilon_0)^2+(\varepsilon_0-\varepsilon_{45})^2}\right]$$

$$\tan 2\alpha = \frac{\varepsilon_{45}-\varepsilon_{-45}}{(\varepsilon_0-\varepsilon_{-45})-(\varepsilon_{45}-\varepsilon_0)}$$

2）弯矩、剪力、扭矩分别引起的应力的测定

（1）弯矩 M 引起的正应力的测定。用 B、D 两被测点 0°方向的应变片组成图 6.12（a）所示半桥线路,可测得弯矩 M 引起的正应变

$$\varepsilon_M = \frac{\varepsilon_{Md}}{2}$$

式中:ε_{Md} 为应变仪读数。由胡克定律可求得弯矩 M 引起的正应力

$$\sigma_M = E \cdot \varepsilon_M = \frac{E \cdot \varepsilon_{Md}}{2}$$

（2）扭矩 M_n 引起的剪应力的测定。用 A、C 两被测点 $-45°$、$45°$方向的应变片组成图 6.12（b）所示全桥线路,可测得扭矩 M_n 在 45°方向所引起的应变

$$\gamma_n = \frac{\varepsilon_{nd}}{4}$$

式中:ε_{nd} 为应变仪读数。由胡克定律可求得扭矩 M_n 引起的剪应力

$$\tau_n = \frac{E \cdot \varepsilon_{nd}}{4(1+\mu)} = \frac{G \cdot \varepsilon_{nd}}{2}$$

（3）剪力 Q 引起的剪应力的测定。用 A、C 两被测点 $-45°$、$45°$方向的应变片组成

图 6.12(c)所示全桥线路,可测得剪力 Q 在 45°方向引起的应变

$$\gamma_Q = \frac{\varepsilon_{Qd}}{4}$$

由广义胡克定律可求得剪力 Q 引起剪应力

$$\tau_Q = \frac{E \cdot \varepsilon_{Qd}}{4(1+\mu)} = \frac{G \cdot \varepsilon_{Qd}}{2}$$

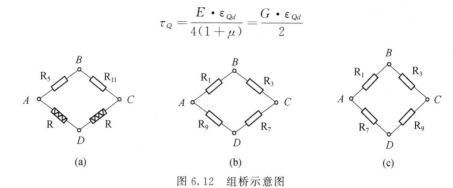

图 6.12 组桥示意图

5. 实验步骤

(1)将传感器与测力仪连接,接通测力仪电源,将测力仪开关置开。

(2)将薄壁圆管上 A、B、C、D 各点的应变片按单臂(多点)1/4 桥测量接线方法接至应变仪测量通道上。

(3)逆时针旋转手轮,预加 50N 初始载荷,将应变仪各测量通道置零。

(4)分级加载,每级 100N,加至 450N。记录各级载荷作用下应变片的应变读数。

(5)卸去载荷。

(6)将薄壁圆管上 B、D 两点 0°方向的应变片按图 6.12(a)半桥测量接线方法接至应变仪测量通道上,重复步骤(3)、(4)、(5)。

(7)将薄壁圆管上 A、C 两点 -45°、45°方向的应变片按图 6.12(b)全桥测量接线方法接至应变仪测量通道上,重复步骤(3)、(4)、(5)。

(8)将薄壁圆管上 A、C 两点 -45°、45°方向的应变片按图 6.12(c)全桥测量接线方法接至应变仪测量通道上,重复步骤(3)、(4)、(5)。

6. 实验结果的处理

(1)合理地记录实验数据。

(2)计算 A、B、C、D 四点的主应力大小和方向。

(3)计算 $I-I$ 截面上分别由弯矩、剪力、扭矩所引起的应力。

6.2.4 电阻应变式传感器的设计、制作与标定

传感器是一种测量装置,用来把有关的物理量转变成具有确定对应关系的电量输出,以满足对于信息的记录、显示、传输、存储、处理及控制的要求。传感器是实现自动测量与控制的第一个环节,在生产实践和科学研究的各个领域中发挥着十分重要的作用。本实验要进行电阻应变式传感器的分析、设计与制作并利用电桥作为基本的测量电路,利用静态电阻应变仪作为放大与输出仪器,标定制作好的电阻应变式传感器。

1. 实验目的

(1)学习并掌握电阻应变式传感器的结构、原理和设计方法。

（2）理解并掌握电阻应变式传感器的标定方法，建立标定的概念，学会相关仪器的使用方法。

（3）复习掌握电阻应变片的筛选、粘贴、焊接、检验等操作方法。

2．实验设备与仪器等

（1）静态电阻应变仪。

（2）标定器、计算器、数字式万用表、游标卡尺、电烙铁、剥线钳等。

（3）弹性元件等传感器母体。

（4）电阻应变片、接线端子、导线、502 胶、丙酮、焊锡、砂纸等。

3．实验原理

参见 3.3 节内容。

4．实验步骤

1）理论分析与设计

（1）根据弹性元件的强度条件确定许可载荷。

（2）选定贴片的位置、数量与接桥方案。

2）电阻应变式传感器的制作与测试系统的组合

（1）对电阻应变片进行筛选，清理弹性元件表面、粘贴应变片，进行引线焊接、短路检验等操作。

（2）将电阻应变式传感器与电阻应变仪按选定的接桥方案进行连接，组成测试系统。

3）测试系统的标定

5．实验结果整理

（1）写出理论分析与设计的过程与结果。

（2）对标定数据列表。

（3）在坐标纸上画出标定数据，标出刻度。

（4）标定三次，比较三次结果的重复性、线性度。

6．思考题

（1）进行理论分析中第一步的目的是什么？

（2）说明标定电阻应变式传感器的作用。

6.3　振　动　实　验

6.3.1　悬臂梁各阶固有频率及主振型的测定

1．实验目的

（1）学会用共振法确定连续弹性体悬臂梁横向振动的各阶固有频率。

（2）观察分析悬臂梁横向振动的各阶主振型。

（3）将实验测得的各阶固有频率和振型与理论结果进行比较。

2．实验装置与仪器

（1）机械振动与控制实验台。

（2）磁电式非接触激振器（JZF－1 型）。

（3）动态信号测试系统。

（4）激振信号源。

（5）磁力表座一个,螺丝刀一把,游标卡尺一把,直尺一把。

3. 实验原理

矩形截面的悬臂梁横向振动系统的装置如图6.13所示。悬臂梁是一个连续弹性体,具有无限多个自由度,即有无限多个固有频率和主振型。在一般情况下,梁的振动是无限多个主振型的叠加。如果给梁施加一个大小合适的激振力,其频率正好等于梁的某阶固有频率,就会产生共振,对应于这一阶固有频率确定的振动形态叫作这一阶的主振型,这时其他各阶振型的影响可以忽略不计。

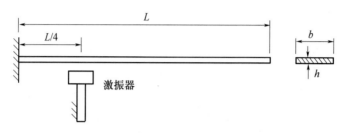

图 6.13 悬臂梁横向振动系统的装置

用共振法测定悬臂梁的固有频率和主振型时,只要连续调节激振力的频率,使悬臂梁出现某阶纯振型且振动幅值达到最大值(产生共振),就可以认为这时的激振频率是悬臂梁的该阶固有频率。实际上,人们关心的通常是最低的几阶固有频率和主振型,本实验采用共振法测定悬臂梁的一、二、三阶固有频率和主振型。

悬臂梁横向振动的各阶固有频率之比为 $f_1:f_2:f_3=1:6.25:17.5$,横向振动的一、二、三阶主振型如图6.14所示。

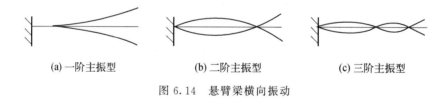

(a) 一阶主振型　　　　　　(b) 二阶主振型　　　　　　(c) 三阶主振型

图 6.14 悬臂梁横向振动

4. 实验方法

（1）选取距离固定端 $L/4$ 处为激振点,将激振器端面对准激振点,保持初始间隙(6～8mm)。

（2）将磁电式非接触激振器接入激振信号源输出端,打开激振信号源的电源,对系统施加正弦交变激振力,使系统产生振动,调节振信号源的输出旋钮可以改变振幅的大小,注意不要过载。

（3）调整信号源,使激振频率由低到高逐渐增加,当观察到系统出现如图6.14(a)所示的一阶主振型且振幅最大时,激振信号源显示的频率就是系统的一阶固有频率。

（4）同理,得到系统的二阶和三阶频率。

（5）由于悬臂梁系统是连续的弹性体,理论上应该有无限多个固有频率。但是高阶频率太高,用本实验的方法无法分辨。

5. 实验要求

撰写实验报告,要求简单叙述实验原理、实验装置和仪器设备、实验现象并整理实验数据。

6.3.2 中心固定圆盘各阶固有频率及主振型的观察

1. 实验目的

(1)学会用共振法确定中心固定圆盘横向振动时的各阶固有频率。

(2)观察分析圆盘横向振动的各阶振动形态。

(3)将实验测得的各阶固有频率和主振型与理论结果进行比较。

2. 实验装置与仪器

(1)机械振动与控制实验台。

(2)磁电式非接触激振器(JZF-1型)。

(3)双通道测振仪(SCZ2-3型)。

(4)激振信号源(SJF-3型)。

(5)磁力表座一个,游标卡尺一把,细沙子若干。

3. 实验原理

中心固定、周边自由的薄臂圆盘横向振动系统的装置如图6.15所示。由振动理论可知,薄臂圆盘横向振动的主振型有一个、二个、三个等的波节圆,在振动过程中,波节圆处的位移(挠度)为零。除此之外,还存在一根、二根、三根等分的波节直径,在振动过程中,波节直径处的位移(挠度)也为零。薄臂圆盘横向振动的几种主振型如图6.16所示,图中各波节圆和波节直径都用虚线表示,波节圆的个数为m,波节直径的个数为n。

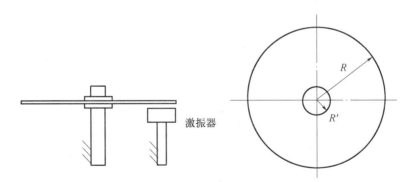

图6.15　中心固定、周边自由的薄臂圆盘横向振动系统的装置

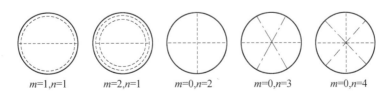

$m=1,n=1$　$m=2,n=1$　$m=0,n=2$　$m=0,n=3$　$m=0,n=4$

图6.16　薄臂圆盘横向振动的几种主振型

对于中心固定、周边自由的薄臂圆盘横向振动，由弹性体振动理论可知其固有频率为

$$f = \frac{a^2}{2\pi R^2} \sqrt{\frac{D}{h\rho}}$$

式中：圆盘半径 $R = 0.1\text{m}$；材料密度 $\rho = 0.0078\text{kg/cm}^3$；圆盘厚度 $h = 2\text{mm}$；内圆半径 $R' = 0.01\text{m}$；弯曲刚度 $D = \frac{Eh^3}{12(1-\mu^2)}$（N/m）；弹性常数 $E = 2 \times 10^6 \text{kg/cm}^2$；泊松比 $\mu = 0.3$。

常数 a 按表 6.3 取值（$R'/R = 0.1$）。

表 6.3　a 的取值

n	1	2	3	4	5
a（当 $m=0$ 时）	1.865	2.7313	3.5285	4.6729	5.7875

薄臂圆盘的横向振动有无限多个自由度，或者无限多个固有频率和主振型。在一般情况下，薄臂圆盘的振动是无限多个主振型的叠加。如果给薄臂圆盘施加一个大小合适的激振力，其频率正好等于薄臂圆盘的某阶固有频率，这时薄臂圆盘就会产生共振并具有对应于这一阶固有频率的确定的振动形态，即这一阶的主振型，这时其他各阶主振型的影响小的可以忽略不计。用共振法测定薄臂圆盘的横向振动固有频率和主振型时，需要连续调节激振力的频率，在薄臂圆盘上面铺一层细沙子，当细沙子明显聚集成波节圆和波节直径时，就可以认为这时的激振频率是薄臂圆盘的某阶固有频率。

4. 实验方法

（1）将激振器端面对准薄臂圆盘下面边缘处，保持初始间隙（1～2mm）。

（2）将磁电式非接触激振器接入激振信号源输出端，打开激振信号源的电源，对系统施加正弦交变激振力，使系统产生振动，调节振信号源的输出旋钮可以改变振幅的大小，注意不要过载。

（3）调整信号源，使激振频率由低到高逐渐增加，可以观察到薄臂圆盘上面细沙子向位移振幅为零处聚集，从而形成条幅，就是主振型。当观察到某阶主振型时，激振信号源显示的频率就是系统的该阶固有频率。用这样的方法可以找到薄臂圆盘的各阶固有频率和主振型。由于激振器的频率在 1000Hz 以下，所以本实验观察不到波节圆。

5. 实验结果与分析

（1）自行设计表格，列出各阶波节直径的固有频率的理论值与测量值。

（2）绘出观察到的薄臂圆盘波节直径的主振型，完成实验报告。

（3）比较各阶固有频率和主振型的理论结果与测量结果，二者是否一致？分析误差产生的原因。

（4）分析波节直径的分布规律。

（5）薄臂圆盘下有一圆形螺帽，在圆形螺帽压紧或松开两种情况下测量的固有频率是否一致？哪一个与理论值更接近？

6.3.3 动态应变测量

1. 实验目的

(1) 了解动应变的测量方法,测定振动梁的动应力。

(2) 熟悉动态电阻应变仪(或动态应变测量系统,简称应变仪)及记录系统的使用方法。

2. 实验设备和仪器

(1) DH－5935 动态应变测试系统(或应变放大器)。

(2) 悬臂振动梁装置。

3. 实验方法

本次动应力测量实验装置如图 6.17 所示。它由加载装置、动态应变测试系统及计算机三部分组成。在悬臂振动梁上安装一个带有偏心质量块的可调速小电动机,如欲测量其某截面在振动过程中的应变,可根据需要在梁截面的上下表面沿轴线分别贴上应变仪,当启动电动机时,由于偏心质量块的旋转所产生的离心力作用,使简支梁发生振动,在梁的垂直方向上产生了一个按正弦规律变化的周期性动载荷。逐渐提高电动机的转速,当电动机的转速接近梁的固有频率时,梁产生共振,此时梁及梁上测点将产生较大的振幅和动应变。为了提高测量灵敏度,在 R_1 处的上表面及 R_2 处所对应的下表面沿纵向各贴一片应变仪,按半桥温度互补偿接桥,其测量灵敏度是单片测量的 2 倍,此时测点处的应变为仪器读数的一半。再将机械应变信号通过电桥盒输入动态应变测试系统,再通过计算机对信号进行分析和处理。

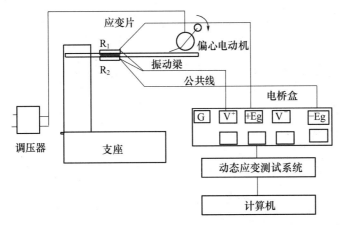

图 6.17 动应力测量实验装置

4. 实验结果与分析

(1) 自行设计表格,列出相关的测量值。

(2) 根据测试的结果,计算振动周期、频率、振幅。

6.3.4 主动隔振实验

1. 实验目的

(1) 建立主动隔振的概念。

（2）掌握主动隔振的基本方法。

（3）学会测量、计算主动隔振系数和隔振效率。

2. 实验装置与仪器

（1）机械振动与控制实验台。

（2）偏心质量调速电动机及调压器。

（3）双通道测振仪（SCZ2-3型）。

（4）磁电式振动速度传感器（ZG-1型）。

（5）计算机及振动分析软件。

3. 实验方法

（1）主动隔振实验装置如图6.18所示，调节空气隔振器上的调节螺丝，调整隔振弹簧的刚度，观察隔振效果。

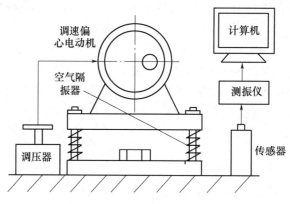

图 6.18　主动隔振实验装置

（2）改变偏心电动机的速度，观察振源的频率与隔振的效果。

（3）根据实验数据计算隔振系数和隔振效率。

4. 实验结果与分析

（1）自行设计表格，列出相关的测量值。

（2）根据实验方法（1），计算隔振系数和隔振效率。

（3）根据实验方法（2），计算隔振系数和隔振效率。

（4）比较两种结果，完成实验报告。

6.3.5　单式动力减振实验

1. 实验目的

（1）学习动力减振的原理。

（2）学习减振效果的测试。

2. 实验仪器安装示意图

单式动力减振实验装置如图6.19所示。

3. 实验步骤

（1）仪器安装。

用夹板把偏心激振电动机安装在梁的中部，接好电源，在把调压器的电源接到插座前一定要检查调压器指针是否指向零,以防止通电后电动机立即开始旋转。在动力减振器上安装一个调节螺母,安装在梁的中部螺孔中拧紧。

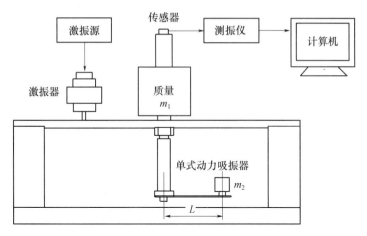

图 6.19　单式动力减振实验装置

（2）开机 DH5949,进入单通道示波状态进行波形和频谱同时示波。

（3）调节调压器使电动机和梁系统产生共振,记录其幅值,调节减振器上的调节螺母,观察波形,当其幅值达到最小值时,停止调节,记录其幅值。

4. 实验报告

实验报告内容应包括实验目的、实验原理、实验装置与仪器简图和实验数据处理与结果分析等。

6.4 实 验 报 告

6.4.1 概论报告

实验日期_____年_____月_____日　班级_____学号_____姓名_____

（1）举一个工程中例子,谈谈工程力学实验在实际工程中的应用。

（2）力学实验的基本程序是什么?

（3）简述常用力学量及其测试设备。

（4）简述修约间隔方法的修约规则并举例说明。

110

6.4.2　金属材料拉伸与压缩实验报告

实验日期＿＿＿＿年＿＿＿＿月＿＿＿＿日　班级＿＿＿＿＿＿学号＿＿＿＿＿＿姓名＿＿＿＿＿

1　仪器设备及型号

2　金属拉伸实验

2.1　试样原始尺寸

材　料	原始标距 L_0/mm	原始直径 d_0/mm			最小原始横截面积 S_0/mm²
		截面Ⅰ	截面Ⅱ	截面Ⅲ	
低碳钢					
铸　铁	/				

2.2　试样断后数据

材　料	屈服力 F_{el}/kN	最大力 F_m/kN	断后标距 L_u/mm	断后直径 d_u/mm			最小断后横截面积 S_u/mm²
				1	2	平均	
低碳钢							
铸　铁	/		/	/	/	/	/

2.3　实验结果

（1）绘制低碳钢拉伸 $F-L$ 曲线并标注特征点。

（2）绘制铸铁拉伸 $F-L$ 曲线并标注特征点。

（3）低碳钢。

屈服强度 $R_{elc}=$ ＿＿＿＿＿＿＿＿MPa

抗拉强度 $R_m=$ ＿＿＿＿＿＿＿＿MPa

弹性模量 $E=$ ＿＿＿＿＿＿＿＿GPa

断面收缩率 $Z=$ ＿＿＿＿＿＿＿＿%

断后伸长率 $A=$ ＿＿＿＿＿＿＿＿%

（4）铸铁。

抗拉强度 $R_m=$ ＿＿＿＿＿＿＿＿MPa

3　压缩实验

3.1　试样几何尺寸及断后数据

材　料	试件几何尺寸					屈服力 F_{el}/kN	最大力 F_m/kN
	原始直径 d_0/mm				原始面积 S_0/mm²		
低碳钢	1		2		平均		/
铸　铁	1		2		平均	/	

3.2　实验结果

（1）绘制低碳钢压缩 F–L 曲线并标注特征点。

低碳钢屈服强度 R_{elc}＝＿＿＿＿＿＿＿MPa

（2）绘制铸铁压缩 F–L 曲线并标注特征点。

铸铁抗压强度 R_{mc}＝＿＿＿＿＿＿＿MPa

4　思考题

（1）比较低碳钢和铸铁在常温静载拉伸时的力学性能和破坏形式有何异同？

（2）比较低碳钢和铸铁压缩时的力学性能和破坏形式有何异同？

（3）绘制低碳钢和铸铁拉伸与压缩时断口图。

112

6.4.3　金属材料扭转实验报告

实验日期_____年_____月_____日　　班级_____学号_____姓名_____

1　仪器设备及型号

2　实验数据记录

材　料	直径 d/mm	抗扭截面系数 W/mm^3	屈服扭矩 $T_{el}/\text{N}\cdot\text{m}$	最大扭矩 $T_m/\text{N}\cdot\text{m}$
低碳钢				
铸　铁			/	

3　实验结果

（1）绘制低碳钢扭转 T-ϕ 曲线并标注特征点。

（2）绘制铸铁扭转 T-ϕ 曲线并标注特征点。

（3）低碳钢。

　　屈服强度 $\tau_{eL}=\dfrac{3}{4}\cdot\dfrac{T_{el}}{W}=$ _____MPa

　　剪切强度 $\tau_m=\dfrac{3}{4}\cdot\dfrac{T_m}{W}=$ _____MPa

（4）铸铁。

　　剪切强度 $\tau_m=\dfrac{T_m}{W}=$ _____MPa

4　思考题

（1）绘制低碳钢和铸铁扭转时的断口图。

（2）根据拉伸、压缩和扭转实验结果，比较低碳钢和铸铁力学性能及破坏形式，并分析原因。

6.4.4 纯弯曲梁的弯曲应力测定实验报告

实验日期＿＿＿年＿＿＿月＿＿＿日　班级＿＿＿＿学号＿＿＿＿姓名＿＿＿＿

1 仪器设备及型号

电阻应变仪型号：＿＿＿＿＿＿＿；电阻应变片电阻：＿＿＿＿＿＿Ω

应变片灵敏度系数：＿＿＿＿＿＿；试件材料弹性模量：＿＿＿＿＿GPa

2 试件尺寸及贴片位置

实验简图（梁）

试件尺寸/mm		贴片位置/mm	
b		y_1	
h		y_2	
a		y_3	
L		y_4	
$I_z = \dfrac{bh^3}{12} = $ ＿＿＿＿ m^4		y_5	
		y_6	
		y_7	

3 应变读数记录

次数	载荷	载荷增量 $\Delta F/\text{kN}$	测点 1		测点 2		测点 3		测点 4		测点 5		测点 6		测点 7	
			ε_1	$\Delta\varepsilon_1$	ε_2	$\Delta\varepsilon_2$	ε_3	$\Delta\varepsilon_3$	ε_4	$\Delta\varepsilon_4$	ε_5	$\Delta\varepsilon_5$	ε_6	$\Delta\varepsilon_6$	ε_7	$\Delta\varepsilon_7$
1																
2																
3																
4																
5																
	$\overline{\Delta\varepsilon}$															
	应力/MPa															

载荷增量 $\Delta F = $ _____ kN，$\Delta M = \dfrac{\Delta F}{2} \cdot a = $ _____ kN·m

4 计算结果及误差

测　点	1	2	3	4	5	6	7
实验值 $\Delta R_\text{实}$/MPa							
理论值 $\Delta R_\text{理}$/MPa							
误差/%							

5 作图与分析

（1）绘制梁的截面应力分布图，用实线代表测试结果，虚线代表理论结果。

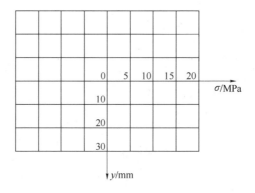

（2）试分析电测实验中，产生实验误差的主要因素。

6.4.5 弯扭组合变形实验报告

实验日期_____年_____月_____日　班级_____学号_____姓名_____

1 仪器设备及型号

电阻应变仪型号：_____；电阻应变片电阻：_____Ω；应变片灵敏度系数：_____

2 装置基本数据

材料常数：弹性模量 $E =$ _____GPa　　　　泊松比　$\mu =$ _____；

装置尺寸：圆筒外径 $D =$ _____mm　　　圆筒内径 $d =$ _____mm；

　　　　　加载臂长 $l =$ _____mm　　　　测点位置 $L_{1\text{-}1} =$ _____mm

3 实验数据记录与处理

表1　被测点应变数据

次数	载荷 F/N	载荷增量 $\Delta F/N$	A						B					
			$-45°$		$0°$		$45°$		$-45°$		$0°$		$45°$	
			ε	$\Delta\varepsilon$	ε	$\Delta\varepsilon$	ε	$\Delta\varepsilon$	ε	$\Delta\varepsilon$	ε	$\Delta\varepsilon$	ε	$\Delta\varepsilon$
1														
2														
3														
4														
5														
$\overline{\Delta\varepsilon}$														

表2　被测点应变数据

次数	载荷 F/N	载荷增量 $\Delta F/N$	C						D					
			$-45°$		$0°$		$45°$		$-45°$		$0°$		$45°$	
			ε	$\Delta\varepsilon$	ε	$\Delta\varepsilon$	ε	$\Delta\varepsilon$	ε	$\Delta\varepsilon$	ε	$\Delta\varepsilon$	ε	$\Delta\varepsilon$
1														
2														
3														
4														
5														
$\overline{\Delta\varepsilon}$														

表3 指定点主应力

主应力	被测点			
	A	B	C	D
R_1/MPa				
R_2/MPa				
$\alpha_0/°$				

6.4.6　简支梁自由振动实验报告

实验日期_____年_____月_____日　班级_____学号_____姓名_____

（1）简述振动测试系统的组成。

（2）简述加速度传感器测试振动的原理。

（3）动态测试有哪些注意事项？

（4）绘制简支梁自由振动加速度时间历程曲线并计算固有频率。

6.4.7 冲击、光弹、疲劳实验报告

实验日期_____年_____月_____日　　班级_____学号_____姓名_____

（1）低碳钢、灰铸铁的冲击实验结果。

材　　料	试样缺口处横截面积 $S_0//mm^2$	试样所吸收能量 K/J	冲击韧性 $\alpha_k/J/mm^2$
低碳钢			
灰铸铁			

（2）比较低碳钢与灰铸铁的冲击破坏特点。

（3）简述光弹实验方法的原理。

（4）简述疲劳实验的原理与方法。

参 考 文 献

[1]   董雪花,徐志洪,李四妹,石杏喜 . 工程力学实验[M]. 北京:国防工业出版
       社,2011.

[2]   戴福隆,沈观林,谢惠民 . 实验力学[M]. 北京:清华大学出版社,2010.

[3]   杨福俊,何小元,陈陆捷 . 现代光测力学与图像处理[M]. 南京:东南大学出版
       社,2015.

[4]   计欣华,邓宗白,鲁阳,等 . 工程实验力学[M]. 北京:机械工业出版社,2010.

[5]   孔德仁,朱蕴璞,狄长安 . 工程测试技术[M]. 北京:科学出版社,2004.

[6]   赵志岗 . 基础力学实验[M]. 北京:机械工业出版社,2004.

[7]   朱鋐庆 . 材料力学实验[M]. 武汉:武汉大学出版社,2006.

[8]   刘鸿文,吕荣坤 . 材料力学实验[M]. 北京:高等教育出版社,1998.

[9]   同济大学航空航天与力学学院力学实验中心 . 材料力学教学实验[M]. 上海:同济
       大学出版社,2005.

[10]   黄维扬 . 工程断裂力学[M]. 北京:航空工业出版社,1992.

[11]   曹以柏 . 材料力学测试原理及实验(第二版)[M]. 北京:航空工业出版社,1999.

[12]   马杭 . 工程力学实验[M]. 上海:上海大学出版社,2006.

[13]   邓小青 . 工程力学实验[M]. 上海:上海交通大学出版社,2006.

[14]   陈巨兵,林卓英,余征跃 . 工程力学实验教程[M]. 上海:上海交通大学出版
       社,2007.

[15]   曹树谦,张文德,肖龙翔 . 振动结构模态分析[M]. 天津:天津大学出版社,2002.

[16]   李德葆,陆秋海 . 工程振动实验分析[M]. 北京:清华大学出版社,2004.

[17]   岳建平 . 工程测量[M]. 北京:科学出版社,2007.

反侵权盗版声明

电子工业出版社依法对本作品享有专有出版权。任何未经权利人书面许可,复制、销售或通过信息网络传播本作品的行为;歪曲、篡改、剽窃本作品的行为,均违反《中华人民共和国著作权法》,其行为人应承担相应的民事责任和行政责任,构成犯罪的,将被依法追究刑事责任。

为了维护市场秩序,保护权利人的合法权益,本社将依法查处和打击侵权盗版的单位和个人。欢迎社会各界人士积极举报侵权盗版行为,本社将奖励举报有功人员,并保证举报人的信息不被泄露。

举报电话:(010)88254396;(010)88258888

传　　真:(010)88254397

E - mail:　dbqq@phei.com.cn

通信地址:北京市海淀区万寿路 173 信箱

　　　　　电子工业出版社总编办公室

邮　　编:100036